Microcontroller Programming for Engineers

With the 68HCS12 GNU Compiler or Axiom™ IDE

Fifth Edition R07

==

by Harlan A. Talley

ISBN 978-1-300-21308-6

ABOUT THE AUTHOR

Harlan A. Talley has master's degrees in electrical engineering and computer science, 33 years industrial experience developing electronic hardware, software, microprocessors and special-purpose microcontrollers, including complex microcontrollers for Hewlett Packard Inkjet Printers. He has regularly taught engineering and computer science classes at Hewlett Packard, Regis University in Colorado, and Washington State University.

I can be contacted with questions or suggestions at talley301@msn.com.

I dedicate this book to my wife for her patient editing of this book, and to all the teachers and mentors who helped and encouraged me in developing my engineering, teaching, writing, and computer science skills.

PREFACE

This book is intended to help the reader learn to effectively use the 68HCS12 microcontroller in basic control applications. This book contains lots of code examples to help the reader understand the concepts described. It also includes material for projects in motor control and a framework for creating a distributed control system such as might be used in creating an energy efficient home.

The material and style in this book is based on my experiences teaching a junior or senior-level microcontroller class to mechanical engineers. Most engineering students have had limited actual programming experience and are new to the concept of microcontrollers and control systems. To fill both of those needs, this book helps the reader solidify his programming skills while also teaching him how to use microcontroller hardware.

The material in this book is best used in combination with a lab. In general, I teach each section in class, assign related homework, and lead a lab to give the student three exposures to each concept in the book. The final weeks of my class are devoted to a lab. Material in this book provides basic ideas for some projects.

Chapter 1 presents the history of computers and microprocessors and introduces the 68HCS12 microcontroller.

Chapters 2, 3, and 4 present basic C programming concepts including pointers and arrays. While it is best for the reader to have had some exposure to programming, these chapters start with "Hello World" and provide a solid basis for understanding the programs and concepts that follow.

Chapter 5 describes a top-down structured process for writing C programs. It also introduces the concept of code libraries.

Chapter 6 introduces the binary and hexadecimal number systems which are important when configuring microcontroller hardware and controlling microcontroller inputs and outputs.

Chapter 7 describes the concepts of registers, ports, flags, masks, and bitwise operators, concepts that are unique to microcontroller programming.

Chapter 8 introduces the 68HCS12 block diagram as a reference for the chapters that follow.

Chapter 9 describes how to configure the clock system. The clock system determines the speed at which the controller operates and as a side effect, how much power it uses.

Chapter 10 introduces the concept of general-purpose input/output, GPIO ports, and how to use bitwise C functions to read, write, and test individual bits.

Chapter 11 describes the process for programming and using the 68HCS12's analog-to-digital converters.

Chapter 12 describes the PWM, pulse-width-modulated, outputs and how to configure the PWM generators.

Chapter 13 describes the timer system. It is the longest, and perhaps most challenging, chapter in this book. Since a microcontroller is used in real-world applications, the ability to measure and control the duration of events is very important.

Chapter 14 describes and gives examples of using interrupts. Interrupts allow the microcontroller to respond to real time events and to effectively do multiple tasks at the same time.

Chapter 15 describes using the 68HCS12 to control a motor. It gives the reader an understanding of how to develop and use a control system using the A/D converter, a PWM generator, interrupts, and the timer system. It also introduces the concept of using feedback to control a system and the concepts of proportional, proportional-derivative, and proportional-integral-derivative controllers.

Chapter 16 provides a framework for a distributed control system such as might be used in an environmental control system.

Appendices A and B describe the process of compiling and debugging code in the Axiom environment.

Appendices C thru F contain useful code examples and libraries.

TABLE OF CONTENTS

CHAPTER 1: INTRODUCTION

Today's microprocessors and microcontrollers are the result of an almost exponential increase in speed and decrease in size of computers. This chapter describes that evolution and introduces the basic concepts of a microcomputer and microcontroller.

ILLIAC I, one of the first electronic computers, became operational in 1952. It was ten feet long, two feet wide, and eight and one-half feet high, contained 2,800 vacuum tubes, and weighed five tons. One tube, about the size of a thumb, could hold or process only one bit of data.

The replacement of vacuum tubes with transistors fostered the development of the integrated circuit, allowing large numbers of transistors to be fabricated on a single piece of silicon about 1/4" square. The first major application of integrated circuits was integrated memory. Integrating memory allowed 1000 bits or more to be integrated and packaged into a device smaller than a single vacuum tube. ILLIAC IV, completed in 1965, was the first computer to use integrated memory.

ILLIAC IV, built in 1965, had less computing power than today's cell phones (Google).

The Microprocessor

The development of integrated memory led companies like Intel to look for ways to sell more memory chips. In 1971 Intel introduced the 4004, the world's first single-chip microprocessor. Its 2300 transistors implemented all the basic computing elements of a simple computer on a single 3 x 4 millimeter piece of silicon.

A microprocessor chip, combined with the new integrated memory chips and one or more input/output devices was all it took to make a compact, low-cost computer, called a microcomputer. The early personal computers were mostly of interest only to hobbyists and, interestingly, Radio Shack was the early leader in personal computers with its TRS-80 series.

In 1981, IBM introduced their first PC. It ran on a 4.77 MHz Intel 8088 microprocessor and came with up to 256k Bytes of memory. The PC came with one or two 160k floppy disk drives and an optional color monitor. Selling for $1500, the equivalent of about $4000 in today's dollars, the PC's popularity opened the way for today's products.

Enter the Microcomputer

Today's microcomputers range all the way from high-performance PCs to tiny computers used in defibrillators or dishwashers. A microcomputer, as shown in the diagram below, consists of a microprocessor, generally referred to as a central processing unit, CPU, memory elements, typically RAM and ROM or flash memory, and some form of hardware supporting I/O, input and output. The processor communicates with the memory and I/O hardware through a set of wires collectively referred to as a memory bus.

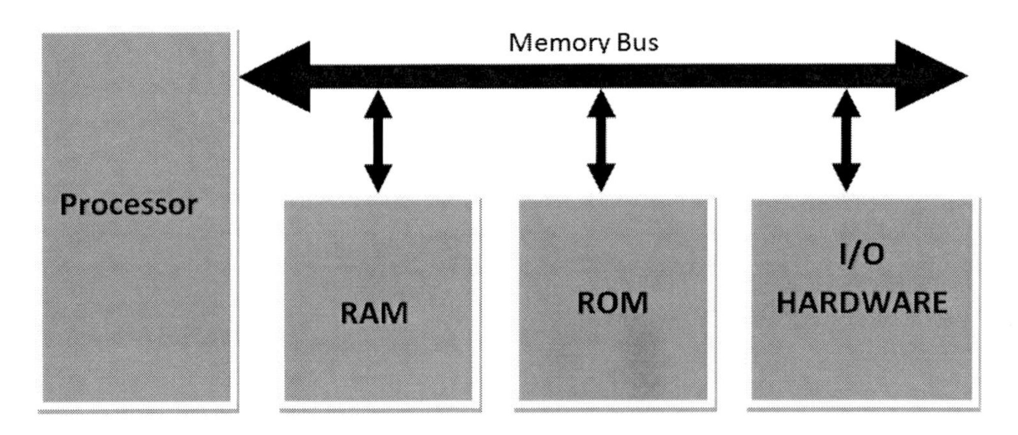

A microcomputer contains a Processor, also called a CPU, RAM, ROM, I/O hardware, and an interconnecting memory bus.

RAM

RAM, Random Access Memory, is used to temporarily store program data or instructions. Data can be written to or read from RAM at any time. A salient feature of RAM is that it loses data when the power is turned off. RAM comes in two types, dynamic and static.

Dynamic RAM is the type of RAM referred to when you buy a computer with some specified number of gigabytes of RAM. The memory elements, which store each 0 or 1 as a voltage on a tiny capacitor, are very small, allowing a large amount of memory to occupy a very small space. However, because the tiny capacitors gradually lose charge, they must be regularly refreshed. This and other factors make dynamic ram more dense but somewhat slower than static RAM.

Static RAM is used in some microcomputers to store frequently accessed data in what is referred to as cache memory. A single static RAM chip can hold far less data than a single dynamic RAM chip, but the data can be accessed much more quickly and does not need to be refreshed.

ROM

ROM, Read-Only Memory cannot in general be written to by the microprocessor. It is used to store data or program instructions that do not change. Unlike RAM, ROM does not lose its content when the power is turned off. ROM comes in several varieties. Some key ones are described in the following paragraphs.

MASK ROM: Mask ROM is manufactured with a specific set of data. A single masked ROM can hold a very large amount of data. The initial cost of developing a mask ROM is very high, and changing the data in the ROM requires spending that money again. However, once a ROM chip has been designed, large volume costs are very low. As a result, mask ROM is only used in large volume applications where the content is not likely to be changed.

PROM, Programmable Read-Only Memory is memory that can be programmed, but only using special hardware. While the individual PROM chips are more expensive than mask ROM chips, there is no up-front design cost. PROM is used in low volume applications or where the data is likely to change.

Flash memory has the same properties as PROM, but uses a different technology. Flash memory is not only used in products, but in the now very popular flash drives. Many microcomputer-based products, such as blu-ray DVD players use FLASH memory because software upgrades can be loaded into the flash memory to implement bug fixes or upgrades.

I/O HARDWARE

A microcomputer is only useful if it can communicate with the outside world. Microcomputers contain special I/O hardware to perform input and output operations such as detecting if a switch was pushed or a key was pressed, displaying text on the screen, or turning on an LED.

THE MEMORY BUS

The memory bus is a set of wires connecting the processor to the RAM, ROM, and I/O hardware.

The Microcontroller

A microcontroller is a single integrated circuit that implements a microprocessor plus on-chip memory and specialized hardware to control an electronic or electromechanical system.

Microcontrollers are everywhere. When you step on the gas pedal in your new car, you're really telling a microcontroller to inject more gasoline into the engine. When you press the buttons on a microwave oven, you're telling a microcontroller how to control the cooking. When you adjust the volume control on your ipod, you're telling a microcontroller how to process digitized sound data. When you operate a cell phone, your button pushes and voice are all processed by a microcontroller.

The 68HCS12 is a low-cost, general-purpose microcontroller that can be used in a variety of **applications**. It contains:

1. Built-in RAM and flash memory. The memory allows a single 68HCS12 to control a system without any external memory.
2. Several general-purpose input/output, GPIO, ports. The GPIO ports each contain 8 independently-controlled pins. GPIO pins are used by the software to read an input, such as a switch or to control an external device such as an LED or solenoid.
3. Several timers. Timers can be used to measure a period of time with an accuracy of a microsecond, one millionth of a second, or better.
4. Two multi-input analog-to-digital, A/D, converters. A/D converters are used to measure the voltage output by a sensor circuit, i.e. strain gauge, thermocouple, etc, that creates a voltage proportional to the property that it's measuring.
5. Several PWM Generators. A PWM generator generates a pulse train that can be used for functions such as controlling temperature or the speed of a motor.
6. Several other ports that are used for serial input/output, interrupt, and external memory control.
7. A Background Debug Module, BDM. The BDM makes it possible to trace variables and debug code as it is being developed.

Using these basic functions, a programmer can take analog data in the form of a voltage from a wide range of sensors, convert the data to digital form with an A/D converter and process that data in a variety of ways to calculate results or to control a wide range of devices.

Software, Firmware, Hardware

In the world of computers the physical electronics is generally referred to as **hardware**. Program in ROM is referred to as **firmware**. Code stored in RAM is referred to as **software**.

CHAPTER 2: HELLO WORLD

This chapter introduces the C language and some key components of a C program with a couple simple examples. The chapters that follow will help the reader understand C in more detail and explain how to write programs to control the 68HCS12 microcontroller's special-purpose hardware.

The first C program that almost everyone writes is "Hello World". The program simply displays "Hello World" on a standard output, generally a computer screen. Hello World for a PC or for a large UNIX computer would look as follows:

```
// File main.c,
// Program Hello World for a mainframe or PC
// Author: Harlan Talley
// Revision 1
// This program displays "Hello World" to the standard output
/////////////////////////////////////////////////////////////////////

// includes
//////////////////////
#include <stdio.h>

main() {
      printf("%s", "Hello World\n");
}
```

The first lines, started with double slashes, are comments to document the program name and other information. The #include statement tells the compiler, the program that converts the C code to computer instructions, to look at the file stdio.h to find the prototype for the printf() function. Prototypes and their use are described later in this book.

The concept of a function is very important in creating useful and easy to understand programs. Functions are sets of code that together perform some desired operation. Every C program contains a function called **main** which contains the **top-level** code of a program. In this example, the main function, i.e. the program, displays "Hello World" to the standard output device using the printf() function.

The statement printf("s", Hello World\n") is referred to as a **call** to printf(). The "%s" and "Hello World\n" are referred to as **arguments** of the call to printf().

The code for the printf() function is contained in a file called stdio.c.

The next program is the microcontroller version of an equivalent program. The code illustrates a number of differences between programs written for a PC or mainframe computer and programs written for a microprocessor or microcontroller.

```
// File main.c
// Program Hello World
// Author: Harlan Talley
// Revision 2
// This program displays "Hello World" on the LCD display
//////////////////////////////////////////////////////////////

// Includes
////////////////////
#include "PLL.h"  // contains prototype for InitPLL()
#include "LCD.h"  // contains prototypes for LCD functions

// Prototypes for functions defined in this file
/////////////////////////////////////////////////////
void InitializeHardware();

main() {
       InitializeHardware();  // call InitializeHardware()
       LCDDisplayLine(1,"Hello World"); // display Hello World on LCD line 1
       for(;;); // wait until stopped
}

// InitializeHardware sets up the microcontroller PLL clock and the
// LCD Display
///////////////////////////////////////////////////////////////////////////
void InitializeHardware() {
       asm("sei"); // disable interrupts
       InitPLL();  // initialize the clock (explained later)
       LCDInit();  // initialize the LDC display (code in LCD.c)
       asm("cli"); // enable interrupts
}
```

As in the previous example, the first part of main.c , the header, contains general information describing the program.

The Includes section tells the compiler to look at the files PLL.h and LCD.h to find prototypes for the PLL functions and the LCD display functions respectively. The Prototypes section contains a prototype for InitializeHardware().

Main() first calls InitializeHardware() which in turn calls InitPLL() to set up the system clock as described in more detail later in this book. LCDInit() initializes a 4-line LCD display. LCDDisplayLine() displays the specified text on line 1 of the 4-line LCD display. Interrupts and the associated asm() lines are described later in this book.

The entire program consists of files:

main.c	// the file containing code for the top level of the program
PLL.h	// the file containing some hardware initialization definitions
PLL.c	// the file containing PLL code
LCD.h	// the file containing prototypes for the functions in LCD.c
LCD.c	// the file containing the code for controlling the LCD display

The Axiom or similar compiler combines all these files to create an executable program that will run on the microcontroller board. See appendix A for details of creating and running a program. The code for LCDDisplayLine() is not part of the Axiom library, but is defined in the code in Appendix D.

Unlike most programs on your PC, which don't really care about time, microcontroller programs work in real time to control real-world systems. This example below uses a very simple loop to wait a specified time. Later in this book we will use a much more accurate hardware timer that is part of the microcontroller.

```
// File main.c, program Display Seconds displays seconds for one minute
// in 10-second increments.
// Author: Harlan Talley
// Revision 1
// This program counts time and displays seconds to the LCD display
///////////////////////////////////////////////////////////////////////

// Includes
/////////////////////////////////////////////////////////////////
#include "PLL.h"  // contains prototype for InitPLL()
#include "LCD.h"  // contains prototypes for LCD functions
#include "Timer.h"  // prototypes for timer functions

// Prototypes for functions defined in this file
/////////////////////////////////////////////////////////////////
void InitializeHardware();

// Main to display seconds on the LCD display
///////////////////////////////////////////////
main() {
	short seconds;  // variable for seconds to wait
	InitializeHardware();

	for(seconds=0; seconds < 600; seconds += 10) {  // Loop 60 times
		LCDPuti(1, "time = ", seconds, " seconds");
		MSTimerWait(10000);  // wait 10 seconds using the tim
	}
	for(;;);
}

// InitializeHardware sets up the microcontroller clock and the LCD Display
///////////////////////////////////////////////////////////////////////////
void InitializeHardware() {
```

```
        asm("sei"); // disable interrupts
        InitPLL();  // initialize the clock (code not shown for this example)
        LCDInit();  // initialize the LDC display (code in LCD.c)
        InitializeTimer();
        asm("cli"); // enable interrupts
}
```

This program has a different main.c than the previous program. It uses files Timer.h, and Timer.c. as well as PLL.h, PLL.c, LCD.h, and LCD.c. These files contain prototypes and library functions defined later in this book.

The example introduces a couple other concepts:

The line "short seconds"; declares an integer variable called seconds which is used later in the program.

The for loop operates as follows:

1. seconds = 0; sets the variable seconds to 0
2. seconds < 600; tests the value of seconds to see if it's less than 600
3. The LCDPuti() statement is executed to display a line such as "Time = 20 seconds".
4. MSTimerWait(10000) uses the 68HCS12 timer to wait 10000 milliseconds, i.e. 10 seconds
5. The for loop tests if seconds is less than 600
6. If it is, seconds is incremented by 10 and LCDPuti() and the MSTimerWait() statements are executed again
7. If seconds is greater than or equal to 600, the for loop exits and the program effectively ends with the for(;;); statement

MSTimerwait() and other timer functions are described in the timer chapter.

CHAPTER 3: C IN MORE DETAIL

This chapter describes the C language and the various elements of a C program in more detail.

Comments

Well written code should include copious comments. Comments are not compiled into the resulting program, but provide documentation of how the program works. Comments can be demarcated by two slashes, i.e. //, in which case everything to the end of the line is considered a comment. For example:

```
// This is a way of commenting a chunk
// of code that follows
////////////////////////////////////////////////
x = 2;        // this is a comment associated with a single line
```

Comments can also be demarcated by /* and */, in which case everything in between the /* and the */ is considered a comment. Comments demarcated by /* and */ can cover multiple lines. For example:

```
y = 3;        /* This is also a comment for a single line */

/*********************************************
This is another way to create a comment that
describes the chunk of code that would follow
Note that only the slash star and star slash
at the beginning and end are significant
*********************************************/
```

NOTE: Comments should be sufficient for a reader to understand the general functionality of the program without reading the actual code. On the other hand, they should not state the obvious.

Variables and Variable Declarations

All variables must be declared before they're used in the program. Declarations are of the form:

```
variable_type  variable_name;
or
variable_type variable_name, variable_name;
```

where variable_type and variable_name represent any C type or variable name respectively.

The basic variable types in the 68HCS12 are as follows:

char	a one-byte variable used to hold a small integer or an ASCII character
unsigned char	a one-byte variable to hold a positive number between 0 and 255
short	a 16-bit integer that can hold values between -32768 and +32767
unsigned short	a 16-bit integer that can hold values between 0 and 65535
int	a 32-bit integer that can hold very large signed integers
float	a 32-bit floating point number (for numbers with a decimal point)

NOTE: Variable names in C must begin with a letter and can be followed by any combination of upper or lower case letters, numbers, or underbars. C does not allow spaces in variable names.

The names should be descriptive. I recommend starting the name of a variable with a lower case letter. If it consists of multiple words, begin each word with a capital letter, but without spaces, as in the examples below.

```
int x,y,z;            // 3-d location x, y,and z integer coordinates
int sumOfSquares;     // a^2 + b^2 + c^2
float distance;       // 3-d distance from origin
unsigned char i;      // char as a small number for a loop counter
```

The description comment after each declaration constitutes a **data dictionary**, and represents good programming practice. Although some versions of C allow variable declarations anywhere inside a function, I strongly suggest placing the variable declarations at the beginning of a function.

To obtain the fastest-running and most compact code in a microcontroller, use the smallest possible type. Operations on 32-bit integers take longer than operations on 16-bit shorts. Float operations are very slow. **Only use floating point numbers if they are absolutely necessary.** If you know a variable will always be positive, you can prefix the type with **unsigned** in order to allow a larger value. You can also use an unsigned char as an integer with a value between 0 and 255. However, using a char as a signed number is risky because the results are implementation dependent.

Notice that each declaration ends with a semicolon.

Character Constants

Constants can be used to make code easier to write and more readable. Character constants are a convenient way to generate the ASCII code for a particular character. Character constants are represented by a single literal character inside single quotes, such as 'a', or a special character, such as '\n'. Character constants can be assigned to variables as shown below.

```
char   done, newline;
done = 'T'; // sets the done variable to the character T for True
newline = '\n'; // sets the newline variable to the ASCII newline
name[8] = '\0'; // terminates a string called name
```

User-Defined Types

Type definitions and structures sometimes allow you to create cleaner and more readable code. The **typedef** keyword lets you create a user-defined type. For example:

```
// Define a logical Boolean type
////////////////////////////////////
typedef BOOLEAN unsigned char;
#define TRUE 1
#define FALSE 0
```

The declaration above lets you define a type BOOLEAN, as equivalent to an unsigned char. When you declare a variable that you want to be true or false, you can declare it as type BOOLEAN, as below, to make your code more readable.

```
BOOLEAN   done;
. . .
if(done == TRUE)  . . .
else . . .
```

Note that you have not exactly created a new type, but you have made your code more readable.

User-Defined Structures

Structures, created with the **struct** keyword, let you create data structures. Structures let you group related variables in a way somewhat analogous to the way functions let you group chunks of code.

Consider the example below which defines a point structure and assumes the existence of a DrawLine function to display a line on a computer screen. Notice that every declaration and assignment ends with a semicolon.

```
// Define a structure for a 2d point
//////////////////////////////////////
struct point {
       int x;
       int y;
};
struct point pt1, pt2;  // declare a point

pt1.x = 5;
pt1.y = 6;

pt2.x = 5;
pt2.y = 12;

DrawLine(pt1,pt2);
```

Using Structures with Typedef

If a structure is to be used frequently, it is useful to combine the structure definition with a typedef. Consider the same example using typedef.

```
// Define a type for a 2d point
// The lower-case point is actually optional
// The use of upper case for POINT is a common convention
/////////////////////////////////////////////////////////////
typedef struct point {
       int x;
       int y;
} POINT;

POINT pt1, pt2;  // declare a point

pt1.x = 5;
pt1.y = 6;

pt2.x = 5;
pt2.y = 12;

DrawLine(pt1,pt2);
```

Notice that the use of typedef makes the code somewhat more readable.

Basic C Operators

The C language provides a set of basic operators as described in the following sections.

ARITHMETIC OPERATORS

A unary arithmetic operator requires only one operand. C has one unary arithmetic operator, the unary minus, which returns the negative of what follows. For example:

```
-b    // returns -5 if b is 5, 5 if b is -5, etc
```

The basic arithmetic operators that require two operands, are +, -, *, and / which respectively define plus, minus, times, and divided by. These operators all function in expressions as you would expect.

```
x + 2  // returns the value of x plus 2
x - y  // returns the value of x minus the value of  y
x * y  // returns the value of x times the value of y
x/y     // returns x divided by y
```

The mod operator is represented by a %. The mod operator returns the remainder when the first integer is divided by the second integer. For example:

```
10 % 4 // returns 2, the remainder when 10 is divided by 4
10 % 5 // returns 0, the remainder when 10 is divided by 5
```

NOTE: The results of stringing these operators in series are subject to operator precedence rules discussed later in this chapter.

ASSIGNMENT OPERATORS

Arithmetic assignment operators are used to create assignment statements as shown in the following examples.

```
x  = y - 2;    // sets x to the value of y minus 2
x += y;        // sets x to its current value plus the value of y
x -= y;        // sets x to its current value minus the value of y
x *= y;        // sets x to its current value times the value of y
x /= y;        // sets x to its current value divided by the value of y
```

NOTE: Assignment statements must always end with a semicolon!

C also supports some shorthand assignments. For example:

```
i++;          // equivalent to i = i + 1
i--;          // equivalent to i = i - 1
i += 5;       // equivalent to i = i + 5
i -= 2;       // equivalent to i = i - 2   (USE WITH CARE)
i *= 5;       // equivalent to i = i * 5
i /= z;       // equivalent to i = i/z     (USE WITH CARE)
```

LOGICAL OPERATORS

Logical operators can be thought of as returning true or false. Logical operators can be broken into relational operators, Boolean operators, and bitwise operators. Logical operators in combination with constants and variables constitute what is generally referred to as a logical expression.

NOTE: In C, logical true and false are actually represented by numbers. Zero represents false and any non-zero number represents true.

The relational operators can be thought of as comparison operators. They return true, i.e. a non-zero value if the condition is met. Otherwise they return false, i.e. zero. For example:

```
y < z  // returns true iff y is less than z
y <= z // returns true iff y is less than or equal to z
y > z  // returns true iff y is greater than z
y >= z // returns true iff y is greater than or equal to z
y == z // returns true iff y equals z by comparison
y != z // returns true iff y does not equal z by comparison
```

NOTE: Iff is the mathematical if and only if. Do not confuse the assignment equal with the comparison equal above!

The Boolean operators return true and false as do the relational operators. For example:

```
! done // returns true iff done is false
x && y // returns true iff x and y are both true
x || y // returns true iff x or y is true
```

A combination of variables and logical operators as in the previous examples is called a **logical expression.** Logical expressions are most frequently used as conditions in the if, while, and for statements described later in this section.

ASSIGNING THE RESULTS OF LOGICAL OPERATIONS

Since logical true and false are actually numbers, i.e. zero or non-zero, variables can be assigned the value of a logical expression. For example:

```
done = (state > 5);        // sets done true iff the state
                           // has a value greater than 5
```

BITWISE OPERATORS

Bitwise operators operate on the individual bits of the binary equivalents of the numbers used as their arguments. The bitwise operators are described in detail in chapter 7.

Operator Precedence

Without parenthesis the computation order of an expression is dependent on a set of precedence rules. Because the rules are complicated and can be misunderstood, I suggest that the only rule to safely use is: **Multiplication and division are done before addition or subtraction. Otherwise use parentheses.**

Parentheses can be used to force computation order. Use parentheses liberally to make sure the order is clear. Items inside parentheses are evaluated inside-out. That is, the most deeply nested items are evaluated first. Consider the following:

```
x = 5;
z = 7;
y = x*z + 3;            // Sets y to 38 based on precedence
y = x *(z + 3);         // Sets y to 50
y = (((x + 3)*(z - 5)) + 2)/3;  // Sets y to 6
```

As an exercise, verify the above!

Parentheses can also be used to insure the order of calculation in logical expressions. For example:

```
done = started && completed || skipped;         // ambiguous
done = started && (completed || skipped);       // clear
```

Assigning Mixed Types

Assignment statements involving mixed types should be given careful consideration. Consider the following cases.

```
int i;
float f;
f = 1.25;
i = f;
```

In the above case, The variable i will be assigned the value of 1 since it is an integer and can't hold the fractional part of f. Such an assignment will always **truncate** the float to the nearest integer value.

Given the types declared above, the assignments below will set i to zero because of truncation.

```
f = 0.25;
i = f;
```

Because the truncation happens after the multiplication, the assignments below will set i to 1.

```
f = 0.75;
i = 2 * f;
```

Type Coercion

Type coercion is a tool for forcing C to convert a variable to a specific type. Some compilers will give warnings when mixed assignments are made. Type coercion can be used to avoid the warnings by telling the compiler that the mixed assignment is intentional. To make the desired result clear, it is good programming practice to use code like the following:

```
f = 0.75;
i = (int)(2.0 * f);
```

The 2.0 will make sure the result 2 * f is a floating point multiply. The (int) coercion will prevent the compiler from flagging a warning.

Type coercion can also be used to insure the desired conversions during a calculation as in the example below. While the first example will set i to 1 in most systems, the following code will set i to 0 because the rightmost coercion will return 0.

```
f = 0.75;
i = (int)(2 * (int)f);
```

The if Statement

The if statement performs a particular operation or set of operations if a specified condition is met. It can take any of the following forms where logical_expression stands for any legal combination of variables, constants, and logical operators and statement stands for any C statement.

```
if(logical_expression) statement;

if(logical_expression) {
      statement;
      statement;
      . . .
}
```

An if statement can optionally be followed by else in either of the forms:

```
else statement;
else {
      statement;
      statement;
      . . .
}
```

Some examples are:

```
if(i < 0) i = 0;

if((i + 1) == 16) j = 5;

if(i < 0) sign = -1;
else if(i == 0) sign = 0;
else sign = +1;

if( i == 0) {
```

```
      sign = 0;
      isZero = TRUE;
}
else if(i < 0) {
      sign = -1;
      isZero = FALSE;
}
else {
      sign = 1
      isZero = FALSE;
}
```

Note the nesting using else if in the last two examples.

As noted before, be careful not to confuse the comparison equal with the assignment equal. The statement:

```
if(x = 2) y = 0;     // BAD CODE
```

which most compilers will not flag as an error, but performs as follows to give an incorrect result.

1. It sets x to 2 instead of testing it.

2. Since the assignment returns the value assigned, i.e. 2, which the if statement interprets as true, the statement always sets y to 0.

The correct statement is, of course:

```
if(x == 2) y = 0;
```

The while Loop

The while loop is used to repeat an operation until a condition is met. For example:

```
i = 0;
while (i <= 10) {          // while i is 0 thru 10
      myArray[i] = 0;     / initialize the elements to 0
      i++;
}  // end of while
```

NOTE: If you forget to increment i, the loop will run forever and your program will be stuck.

The general forms of a while loop are:

```
while(logical_expression) statement;

while(logical_expression) {
        statement;
        statement;
        .  .  .
}
```

Omitting right curly brackets is a common mistake! The error is hard to find because the compiler will show a compile error several lines after the actual location of the missing right bracket.

NOTE: Use indenting as shown to help get your brackets correct the first time!

The For Loop

The for loop is generally a better way to perform the function at the beginning of the previous section. The previous example using a for statement would be:

```
for(i = 0; i < 10; i++) {
        LCDPuti(1, "i = ", i, "");
}
```

The general forms of a for loop are:

```
for(initial_value_assignment; logical_expression; next_value_assignment)
      statement;


for(initial_value_assignment; logical_expression; next_value_assignment) {
      statement
      . . .
}
```

The initial value assignment is made before the loop is started. The logical expression evaluated, i.e. the comparison is made before each pass through the loop, including the first. The next-value assignment is made after the last statement is executed but before the comparison is made again.

The initial value and next value assignments can also be multiple assignments separated by commas as for example:

```
for(i = 0, j = -1; i < 10; i++, j++) ...
```

The initial-value assignment and next-value assignment fields can also be empty if not needed. However, the semicolons must be included as below:

```
for( ; i < 10; ) . . .
```

which is equivalent to:

```
while(i < 10)  ...
```

The Case Statement

The case statement is used when an integer can only have a limited set of values. Suppose sign should have a value of -1, 0, or 1 and you want to display appropriately depending on its value.

```
switch(sign) {
     case -1:       //  i is negative
          LCDPuti(1,"-", absoluteValue, "");
          break;    // break ends the statements for this case

     case 0: // i is zero
          LCDPuti(1,"", absoluteValue, "");
          break;

     case 1: // i is positive
          LCDPuti(1,"", absoluteValue, "");
          break;

     default: // error if sign has any other value
          LCDDisplayLine(1, "Error");
          break;
}  // end of switch
```

Note the indenting for readability!

The break statements are very important because, once a case is satisfied, the statements continue to execute until a break is reached. For example, because there is no break after case 0, the following would print a plus sign if variable called sign is 0 or 1.

```
switch(sign) {
      case -1:                 // i is negative
           LCDPuti(1,"-", absoluteValue, "");
           break;

      case 0:                  // i is zero
      case 1:                  // i is positive
           LCDPuti(1,"+", absoluteValue, "");
           break;              // print nothing
}  // end of switch
```

Functions in C

Functions provide a way to group a set of statements into an executable module. The top-level function in all programs is the function main(). Every program must have a main. **Main** is "called", i.e. executed, whenever a program is run. You have already seen several examples of functions in this book. In general, functions have a return type, a name, and may or may not have arguments.

FUNCTIONS WITH NO RETURN VALUE OR ARGUMENTS

The simplest function just executes some code and returns. Consider the simple function WaitForStartButton() below.

```
// WaitForStartButton() waits until the start button is pushed
////////////////////////////////////////////////////////////////
void WaitForStartButton()
{
     while(BitIsSet(3, PTT));  // wait for PTT bit 3 to go low
}
```

Note that a function that does not return a value is assigned a return type of **void**. WaitForStartButton() might be called, i.e. used, from main as shown below. In this example, the code represented by the first three dots would be executed, then the code in WaitForStartButton() would execute, followed by the code represented by the last three dots. **NOTE: the type is not included in the call. Including the type is a common beginner mistake.**

```
main() {
       . . .
       WaitForStartButton(); // the parenthesis must be included even if empty
       . . .
}
```

FUNCTIONS WITH A RETURN VALUE

Some functions might return a value. For example, the following function would return a short.

```
// MotorMovement() returns the amount of movement of the motor
// currentPosition and previousPosition are global variables
// set elsewhere in the program
////////////////////////////////////////////////////////////////////////
short MotorMovement() {
      return currentPosition - previousPosition);
}
```

MotorMovement() might be called from main or from some other function as follows:

```
    movement = MotorMovement();
```

FUNCTIONS WITH ARGUMENTS

Some functions have arguments, but no return value. MSTimerWait(), described later in this book, will cause a wait of a specified number of milliseconds. Note that it has a void return type, meaning it doesn't return a value. It has a parameter, noOfMilliseconds. It must be called with a parameter of type short. For this example, the code for MSTimerWait() is represented by three dots.

```
// MSTimerWait() waits the specified number of milliseconds
///////////////////////////////////////////////////////////////////////////
void MSTimerWait(short noOfMilliseconds) {
        . . .
}
```

MSTimerWait would be called from main or another function as follows:

```
MSTimerWait(10);    // wait 10 milliseconds
```

FUNCTIONS WITH BOTH

The most generic function has a return type and arguments. Following are example functions with both.

NOTE: These functions must be called with arguments of the type specified and their return value assigned to a variable of the same type as the specified return type unless coerced.

For an exercise, try some example numbers to understand how the functions work.

COUNTDIGITS

```
// CountDigits() returns the number of digits in the decimal number,
// num, supplied as the parameter num. This function works because
// num/10 is truncated when assigned to num.
//////////////////////////////////////////////////////////////////////
short CountDigits(int num)
{
	unsigned char noOfDigits;	// number of digits accumulator

	// Divide num by 10 until there is no remainder and counting
	// the number of divisions will count the number of digits
	/////////////////////////////////////////////////////////////////
	noOfDigits = 0;
	while(num != 0) {
		noOfDigits++;
		num = num/10;
	}
	return noOfDigits;	// Here the value of noOfDigits is returned
}  // end of CountDigits
```

As an example, CountDigits could be called with the code below.

```
	short k, noOfDigits;
	k = GetNumFromUser();	// Here k is assigned the returned value
	noOfDigits = CountDigits(k);
```

POWER

```
// Power() returns base to the n power where n must be >= 0
/////////////////////////////////////////////////////////////////////////
int Power(short base, unsigned short n)
{
	int p;	// power
	unsigned short i;	// loop counter

	p = 1;
	for(i = 1; i <= n; i++) p = p*base;
	return p;
}  // end of function Power
```

POWER (RECURSIVE VERSION)

A recursive function is a function that calls itself. **NOTE: While recursion can be considered an elegant approach to some problems, it should generally be avoided in microcontroller programming because each recursive call uses a large amount of memory.**

Below is a recursive example of the Power function.

```
// Power() uses recursion to determine base to the n power
// where n must be >= 0
//////////////////////////////////////////////////////////////
int Power(int base, unsigned short n)
{
    if(n == 0) return 1; //recursion will eventually get here & return
    else return base * Power(base, n-1);   // recursive call
}  // end of function Power
```

The Three Aspects of Functions

There are three **aspects** of all functions.

THE FUNCTION PROTOTYPE

Function prototypes define the return type and the argument types for a function. The prototype for a function must appear before the function is used and before the function is actually defined, normally near the front of the file in which they are defined or in a .h file that is appropriately included. When the compiler encounters a function call or function definition, it compares the number of arguments, the type of each parameter, and the function's return type against the prototype. For example, the prototype for functions in this section would be as follows:

```
// Function Prototypes
/////////////////////////
void WaitForStartButton();
int Power(int base, unsigned short n);
short MotorMovement();
void MSTimerWait(short noOfMilliseconds);
```

As previously noted, function prototypes for library functions are frequently placed in a .h file. The .h file is included with a #include statement at the front of the file where the function is defined and in the front of the file where it is used.

THE FUNCTION DEFINITION

Obviously a function must be defined, i.e., the code for the function must be written. There are several examples of function definitions in the previous sections of this book. Remember that the function definition must have the same return type and arguments as the prototype.

CALLS TO THE FUNCTION

In general a function is used, i.e. called somewhere in the code. The calls must specify values for all of the arguments specified in the prototype and definition.

NOTE: If a function is defined, but not used, it will not be compiled into the resulting code.

#Include Statements

The statement:

```
#include "lcd.h"
```

tells the compiler to process the header file lcd.h when it compiles this file. The .h files typically contain prototypes for functions that are defined in an associated .c file. In the example above, the file lcd.h would contain a prototype for the LCDPuti function which is defined in the file lcd.c.

Symbolic Constant and Macro Definitions

Constant and macro definitions define values or macros using the #define statement.

A constant definition is generally designed to define a number to represent some value. That name can then be used in code instead of the value. Using a name for the number makes the code using that number easier to read. It also allows the number to be changed in one place. Examples are:

```
#define PI 3.14159
#define MAX_LOOP_COUNT 200
```

Pseudo functions, generally called **macros** are also defined using #define. These can be used to make code more readable and/or to define simple functions which run faster since they don't require the overhead required to call a function. Example macro definitions are:

```
#define bit(n)   (1 << n)
#define SWITCH_CLOSED   ((PTP & bit(0)) == 0)

// Later in the code you could use the statement
if(SWITCH_CLOSED) . . .;  // . . . would be replaced by some code
```

While functions are kept separate and called by the program whenever they are used, the compiler replaces each use of a macro with its definition. This makes the code run faster since the overhead of a function call takes time, but makes the code take more memory space. In general, only simple functions such as those above should be implemented with macros.

NOTE: Since in the compile process each use of a macro is replaced with its definition, you should always put parentheses around the definition to avoid problems when substitution occurs. Also, in general, you should not put a semi-colon at the end of the macro

Global Variables

Global variables, when used, should be declared at the beginning of the file in which they are used. In most cases global variables are bad practice. However, they can be useful when used with interrupts and when debugging code. **NOTE: See debugger section to understand use during debugging**.

Variable Scope and Lifetime

Now that you understand how a C program is broken into files, a main top level, and multiple functions, it is important to understand the concepts of variable scope and lifetime.

Every declared variable has a scope, i.e. a part of the program where the variable is available. Here are some rules that define the scope of a variable:

1. A variable declared outside main or any function definitions, is generally referred to as an **external** or **global** variable. It can be accessed in any function after the point in the file where it is declared. As a programming convention, I suggest placing global variable declarations before the first function as in the Global Variables area in the example at the beginning of this chapter.
2. A global variable from one file can be accessed in another file by putting a statement of the form: **extern variable_name;** in the other file. It can then be accessed anywhere in that file after the extern statement.
3. A variable declared at the beginning of a function is generally referred to as a ***local*** variable and is accessible only inside that function. If it has the same name as a global variable, it will be used instead of the global variable inside the function and the global variable will not be accessible in that function..

4. If a function calls itself, such as in recursion, each copy of the function will have its separate set of local variables.
5. The function arguments, such as base and n in the Power function, are assigned an initial value when the function is called, but can later be treated as local variables inside the function. Changing the value of the variable inside the function has no effect on the variable used in the call.

Every variable has a **lifetime**, i.e. the time during execution when a variable is available to be read or changed. Variable lifetimes are as follows:

1. External, or global, variables are always available within their scope. That is, their lifetime is the duration of the program.
2. Variables declared in a function are only available while that function is being executed. If you call the function again, the previous value is lost.
   The exception to the above is variables declared as static. Static variables maintain their value between calls.

Converting C to Binary Instructions in a Computer

In order to run, the C code must somehow get from your files to the microprocessor. This process happens in steps described below.

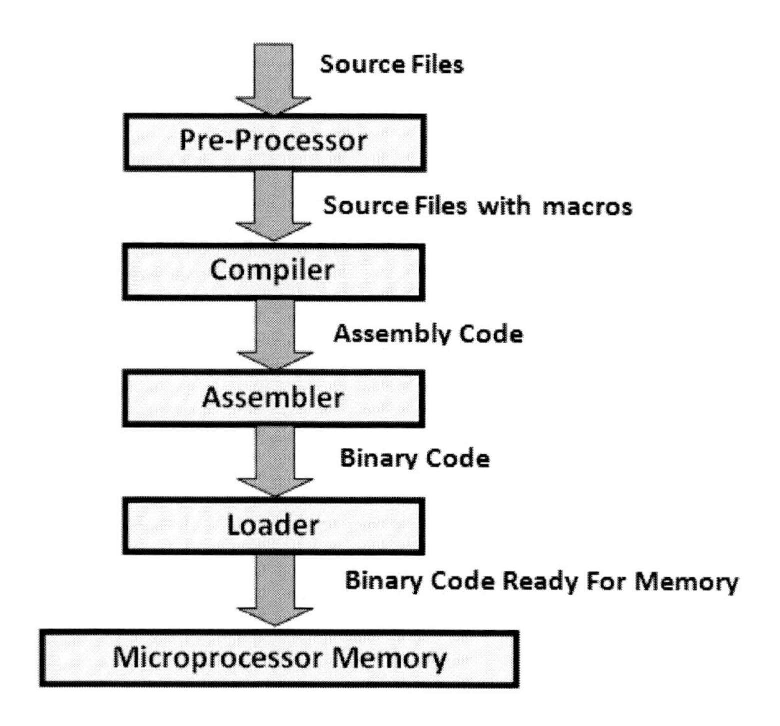

The compilation process converts C source files to code in memory.

1. The pre-processor replaces all of the references to macros with the actual text.
2. The compiler compiles the source code into assembly language code.
3. The assembler converts the assembly code into binary code suitable for the 68HCS12.
4. The loader assigns addresses to the code appropriate for memory and transfers the code to memory. In 68HCS12 systems, the code is transferred through the chip's BDM, background debug module, port.

Native Compilers and Cross Compilers

Compilers come in two general categories: native compilers and cross compilers.

A native compiler creates code to be run on the machine on which the code is compiled. Microsoft Visual Studio ™ is generally used as a native compiler. It runs on a PC and creates binary code that is executed on that same PC or another PC.

In contrast, a cross compiler, such as the Axiom compiler, runs on one machine but creates code to be run on another machine. The Axiom IDE runs on a PC, but creates code to be run on a 68HCS12 microcontroller as follows:

1. The compiler and assembler run on a PC. The programmer must re-compile the code until there are no syntax errors remaining.
2. The assembler converts the compiled C code to binary machine code for the 68HCS12 and creates a special ASCII S19 file that represents the binary code.
3. In the AxIDE, when you press the **Debug** button, the loader transfers the S19 code to the 68HCS12 board through the USB port to the BDM, background debug module, in the processor. The binary code is then loaded into the selected memory area in the 68HCS12 or in the Axiom board.
4. In the AxIDE, when you press the **Run** button, the code starts executing on the 68HCS12 microcontroller.

CHAPTER 4: POINTERS AND ARRAYS

The C compiler converts variables to memory addresses. The variable is then effectively a memory address and its value is the value stored at that address. In C speak, the address of a variable is referred to as a **pointer** to the variable. This chapter describes pointers and arrays.

Why We Need Pointers

When a variable is passed to a function, C actually passes the current value of the variable to the function as a separate variable with its own unique memory location.

BAD SWAP EXAMPLE

This section describes a swap that a programmer might try. Unfortunately, it doesn't work.

BAD SWAP CODE

```
// Code for bad swap
/////////////////////////////////////////
main()
{
        short a, b;
        a = 5;
        b = 7;
        BadSwap(a,b);
}  // End of main

void BadSwap(short x, short y)
{
        short temp;

        temp = x;
        x = y;
        y = temp;
}  // End of BadSwap()
```

BAD SWAP TRACE

In the tables in this chapter, the values in the leftmost column are the variable names, the values in the next column are the variable's arbitrarily assumed memory addresses in hexadecimal, and the values in the right column are the values at that memory location. A dash in the right column is used to indicate an unknown value.

Now let's trace the code to show why it doesn't work!

```
// Code for bad swap
////////////////////////////////////////
main()
{
        short a, b;
        a = 5;
        b = 7;
```

a	0xF000	5
b	0xF001	7
....	0xF002	-
....	0xF003	-
....	0xF004	-

After a and b are assigned values, address 0xF00 contains 5 and address 0xF01 contains 7.

```
        BadSwap(a,b);
}  // End of main

void BadSwap(short x, short y)
{
        short temp;
```

a	0xF000	5
b	0xF001	7
x	0x0F02	5
y	0xF003	7
temp	0xF004	-

Memory after x and y are set to a and b respectively after BadSwap is called.

```
        temp = x;
```

a	0xF000	5
b	0xF001	7
x	0x0F02	5
y	0xF003	7
temp	0xF004	5

Memory after temp is set to x, i.e. 5.

```
        x = y;
```

a	0xF000	5
b	0xF001	7
x	0x0F02	7
y	0xF003	7
temp	0xF004	5

Memory after x is set to y.

```
        y = temp;
}   // End of BadSwap()
```

a	0xF000	5
b	0xF001	7
x	0x0F02	7
y	0xF003	5
temp	0xF004	5

Memory after y is set to temp. This is the final step. Note that the values of a and b have not been swapped.

Note that while x and y inside BadSwap were switched, the values of a and b in main have not changed. Even if the variables in the Swap function had been called a and b, they still would have been separate variables with different addresses than the a and b in main. Therefore, the results would have been the same.

As noted above, a pointer is actually the memory address of a variable. They are accessed using the * and & operators. Consider the following examples using pointers. Again, the addresses are assumed just for the example!

A SIMPLE POINTER EXAMPLE

```
main() {
        short a, b;            // define a and b as integers
        short *pa, *pb;        // define pa and pb as pointers to integers
        a = 5;                 // assign a value to a
        b = 7;                 // assign a value to b
        pa = &a;               // assign pa as the address of a
        pb = &b;               // assign pb as the address of b
```

a	0xF000	5
b	0xF001	7
pa	0x0F02	0xF000
pb	0xF003	0xF001

Memory after pa and pb are set to addresses of a and b respectively.

```
        *pb = 19;
```

a	0xF000	5
b	0xF001	19
pa	0x0F02	0xF000
pb	0xF003	0xF001

*Memory after *pb = 19. How does it work?*

```
}  // end of main
```

When the assignment *pb = 19 is executed, the processor performs the assignment as follows:

1. Get the value of pb, i.e. the address 0xF001.
2. Place the value 19 at that address.

SWAP USING POINTERS

Now consider a working version of Swap using pointers. Notice that main must pass pointers to a and b, to the Swap function using the & operator.

GOOD SWAP CODE

```
main() {
       short a, b;

       a = 5;
       b = 12;
       Swap(&a, &b); // pass pointers to a and b to Swap
       . . .
}

// Swap assigns the passed pointers to px and py, and then
// swaps their associated values
//////////////////////////////////////////////////////////////////////
void Swap(short *px, short *py) {
       short temp;

       temp = *px; // sets temp to the value of a in this case
       *px = *py; // Sets the value in address px to the value at address py
       *py = temp;
}  // End of Swap
```

GOOD SWAP TRACE

```
main() {
       short a, b;

       a = 5;
       b = 12;
       GoodSwap(&a, &b); // pass pointers to a and b to Swap
}
```

Now consider what happens after swap is called and verify the results yourself!

```
// Swap assigns the pointers to a and b to px and py, and then
// swaps their associated values
//////////////////////////////////////////////////////////////////////
void Swap(short *px, short *py) {
```

a	0xF000	5
b	0xF001	19
px	0x0F02	0xF000
py	0xF003	0xF001

Memory immediately after Swap called.

```
    short temp;
    temp = *px; // sets temp to the value of a in this case
```

a	0xF000	5
b	0xF001	12
px	0x0F02	0xF000
py	0xF003	0xF001
temp	0xF004	5

*Memory after temp = *px.*

```
    *px = *py; // Sets the value in px to the value at address py
```

a	0xF000	12
b	0xF001	12
px	0x0F02	0xF000
py	0xF003	0xF001
temp	0xF004	5

*Memory after *px = *py. Main's a is now set to the value in main's b. We've accomplished half of the swap!*

```
    *py = temp;
```

a	0xF000	12
b	0xF001	5
px	0xF002	0xF000
py	0xF003	0xF001
temp	0xF004	5

*Memory After *py = temp.*

Main's a is now set to the value in Swap's temp, which was previously set to the value of main's b.

```
}  // End of Swap.
```

Main's a and b have now been swapped as was desired!

Arrays

In C an array is a set of variables of the same type that occupy contiguous locations in memory. An array is declared with a statement of the form:

```
        variable_type  variable_name [number_of_elements];
```

Consider a variable called gradeCount that is to be used to store the number of occurrences of each of the 5 possible grades, i.e. A, B, C, D, and F. GradeCount would be declared as follows:

```
unsigned short  gradeCount[5];  // number of occurrences of each grade
```

The variable gradeCount would consist of space for 5 16-bit unsigned numbers in memory. The 5 locations would be accessed as gradeCount [0] through gradeCount [4]. You would read or set the values with statements such as:

```
noOfAGrades = gradeCount[0];  // Reads the number of A grades

gradeCount[1] = gradeCount[1] + 1;  // Increments number of B grades
```

INITIALIZING ARRAYS

Array elements must each be explicitly initialized.

```
gradeCount = 0;  // DOES NOT WORK IN C
```

will not work. Instead, you must set each element equal with a loop such as:

```
for(i=0; i<=4; i++) gradeCount[i] = 0;
```

ACCESSING OUTSIDE ARRAYS

When you declare an array, the no_of_elements tells the compiler how much memory to set aside for the array. If you declare gradeCount as gradeCount [5], C will still let you read or set gradeCount with an index outside the range 0 – 4. If you read outside the declared range, for example:

```
x = gradeCount[5];
```

x will be set to whatever value happens to be at address gradeCount + 5. Even worse, if you set a value outside the specified range, for example:

```
gradeCount[5] = 17;
```

The above would write to location gradeCount + 5 and potentially corrupt the value of some totally unrelated variable that happens to be assigned to that address. Such mistakes are not detected by the compiler and are extremely difficult to find!

HOW ARRAYS ARE STORED IN MEMORY

Consider the array gradeCount declared to have 5 elements. The variable gradeCount would contain the address of, i.e. a pointer to the first element, gradeCount[0]. In this example, gradeCount is stored at memory address 0xF000 the 5 elements are stored in the following addresses.

gradeCount	0xF000	0xF001
gradeCount [0]	0xF001	2
gradeCount [1]	0xF002	6
gradeCount [2]	0xF003	9
gradeCount [3]	0xF004	1
gradeCount[4]	0xF005	5

In this example, the array variable gradeCount is stored at address 0xF000. It contains the address of the first element, gradeCount[0].

PASSING AN ARRAY TO A FUNCTION

Since an array is actually a pointer, you can pass an array to a function. This is because, even though the function gets a copy of the pointer, the copy still points to the first element of the array. Hence the function can read, or change the elements of the array. However, the function must somehow know the size of the array. Why?

Strings

Strings in C are created using a null-terminated array of ASCII characters, that is an array of characters where the last character has a numeric value of zero. A programmer can create a string by creating and filling a character array in which the last character is '\0', i.e. the null character which has a numerical value of zero.

When a C program passes a character constant to a function, such as LCDDisplayLine(1, "Hello World"), the compiler actually creates in memory a character array containing the ASCII characters for Hello World followed by a '\0', then passes the memory address of the first element in that array to the LCDDisplayLine function when the instruction is executed.

The following code would create and initialize the string containing "Skip".

```
char name[6]; // Declare a character array, i.e. string with six characters

name[0] = 'S';   // Note the use of character constants
name[1] = 'k';
name[2] = 'l';
name[3] = 'p';
name[4] = '\0';
```

name	0xF000	0xF001
name[0]	0xF001	'S'
name[1]	0x0F02	'k'
name[2]	0xF003	'i'
name[3]	0xF004	'p'
name[4]	0xF005	'\0'
name[5]	0xF006	--

Memory after name assignments. Name contains the address of the first character. Name[0] thru name[4] , addresses 0xF001 thru 0xF004, contain the ASCII codes for the specified letters. Name[4] contains '\0'. Name[5] isn't used.

A STRING FUNCTION EXAMPLE

The function ReverseString below would reverse a string. For example the string containing "Skip" would be reversed to "pikS". Note that ReverseString is effectively passed a pointer to the actual string, so that it can reverse the actual string in the function that calls it.

Notice that ReverseString uses the '\0' character to detect the end of the string. This is the standard way of creating and processing strings in C.

```
void ReverseString(char *s)   // could also be char *s.  Why?
{
    short l;          // index of left character being processed
    short r;          // index of right character being processed
    char temp;        // temporary variable needed for the swap

    // set l to the leftmost character and r to the rightmost
    // real character.  String s should be null terminated.
    ///////////////////////////////////////////////////////////
    l = 0;  // set the left index, l, to the leftmost character
    for(r = 0; s[r] != '\0'; r++);  // move r to the null at the end
    r = r-1;  // move r to last non-null character

    // do the swap
    //////////////////////
    while(r > l) {
        temp = s[l];
        s[l] = s[r];
        s[r] = temp;
        l++;
        r--;
    } // end of while
} // end of ReverseString
```

Study this example carefully!

STRING CONSTANTS

Unfortunately C does not allow you to do an assignment such as

```
name = "Fred";       // Doesn't Work in C
```

However, strings can be used in certain cases such as in calling a function that expects a string. For example, while using the function LCDPuti(), you can use a string constant by simply placing it in the function call. For example:

```
LCDPuti(3, "Time = ", time," seconds" );
```

In this case, the compiler automatically creates strings " Time = " and " seconds" somewhere in memory. When the above function is executed, it will pass a pointer to that string to LCDPuti().

CHAPTER 5: THE PROGRAMMING PROCESS

Program and function writing should be thought of as a process. Just sitting down and starting to type code without going through any planned process leads to code that is poorly written, difficult to understand, full of errors, and, in general, a mess!

The programming process I describe in this chapter uses a process for program definition and development called the **spiral design cycle**, and a code-writing process called **top-down structured programming**. This chapter describes that process and gives examples.

The spiral design cycle is based on starting with a program with basic functionality, then evolving and creating improved versions of that program based on a combination of an original plan and user experience with the previous version.

Top-down structured coding process is starts from a fairly high level of abstraction and then fills in progressively more detail in the code while using comments or code **stubs**, pieces of code that are place-holders and don't initially have full functionality, for the remaining parts. Stubs may sometimes display a message when they are called. This allows a programmer to have a program that compiles and has some functionality at all times during the process.

The process can be summarized as in the following list for main and each new function.

1. Create a definition of the program including inputs, input formats, outputs, output formats, and a usage scenario, *i.e.* a short description of how the user would interact with the program or function.
2. For main and recursively for all required functions until the code is complete.
    a. Define the function, including inputs, outputs, and if appropriate, usage scenarios.
    b. Consider possible algorithms for implementing the current function and select the best.
    c. Break the function's newly-determined algorithm into calls to lower-level functions or into **chunks**, easily understandable sub-sections of code.
    d. Create **stubs** for the new lower-level functions. Stubs may just a dummy value or display short message.
    e. Compile, run, debug, and verify the code written so far.

    This is the top-down structured part.
3. Review the program and consider ways in which it might be generalized or improved. If you choose to make improvements, go back to step 1.

Create Initial Definition of the Program and a Usage Scenario

The definition will look something like: This program will wait for a customer to request a withdrawal from an ATM. When one is requested, it will dispense an appropriate combination of 20-dollar, 5-dollar, and 1-dollar bills.

Create Code for the Top Level

First define the top level by breaking the code into functions. Main will then look as below. Note that #includes and some other details are left out for the sake of simplicity.

```
// This program will dispense an appropriate combination of 20's, 5's, and 1's
// based on the amount entered by the customer.
//////////////////////////////////////////////////////////////////////////////

// Prototypes
////////////////
unsigned short GetAmount();        // returns the total amount to dispense
void DispenseATwenty();            // DispenseATwenty() dispenses a $20 bill
void DispenseAFive();              // DispenseAFive() dispenses a $5 bill
void DispenseAOne();               // DispenseAOne() dispenses a $1 bill

main() {
      unsigned short dollarsRemaining;

      InitializeHardware();
      while(1) {
            dollarsRemaining = GetAmount();

            //   Dispense 20's
            /////////////////////////////////
            while(dollarsRemaining >= 20 )   {
                  DispenseATwenty();
                  DollarsRemaining -= 20;
            }  // end of while(dollarsRemaining . . .)

            //   Dispense 5's
            ///////////////////////////////
            while(dollarsRemaining >= 5)   {
                  DispenseAFive();
                  DollarsRemaining -=  5;
            }  // end of while

            //   Dispense 1's
            //////////////////////////////
            while(dollarsRemaining > 0 )   {
               dollarsRemaining -= 1;
              DispenseAOne()
```

```
        }  // end of while
}  // end of main
```

Create Prototypes and Stubs for any New Functions

So far this program will not compile because the functions have not been defined. Therefore, the next step is to create prototypes and "stubs" for the functions above.

Again, stubs are functions that do something to show their existence by displaying a message or returning a dummy value. The code with stubs and prototypes would look as follows:

This code could now compile but would not run until I entered real code for InitializeHardware().

```
// GetAmount() returns the amount requested by the customer
// Note: stub should do something
//////////////////////////////////////////////////////////////////////
unsigned short GetAmount() {
        return 27;
}

// DispenseAOne() dispenses a single one dollar bill each time it is called.
// Note: stub should do something
/////////////////////////////////////////////////////////////////////////////
void DispenseAOne() {
        LCDDisplayLine(1, "Dispensing $1");
}

// DispenseAFive() dispenses a single five dollar bill each time it is called
/////////////////////////////////////////////////////////////////////////////
void DispenseAFive() {
        LCDDisplayLine(1, "Dispensing $5 ");
}

// DispenseTwenty() // dispenses a single twenty each time called
///////////////////////////////////////////////////////////////////////////////
void DispenseATwenty() {
        LCDDisplayLine(1, "Dispensing $20");
}
```

Note that at this point I have simply broken the program into chunks. Even though there is almost no actual code, this function should compile. Compile this outline to make sure there are no errors.

Iteratively Repeat the Process For The Stubbed Functions

When the current code all works, progressively create code to complete the program by repeating the process for any lower level functions.

In this example, the programmer would replace the stubbed functions with actual code to control the ATM machine's motors and sensors.

Test and Debug The Program

Historically software programmers have referred to errors in their code as **bugs**, implying that they are not mistakes, but rather something that comes into the code on its own. Thus the term **debug** came into existence.

In reality all defects in code are the result of mistakes or oversights on the part of the programmer. **It's much better not to make mistakes in the first place than to have to find them later.** Accordingly, the programmer should develop his code by the structured process above in order to minimize the number of initial defects.

Defects come in three categories:

1. Syntax errors, i.e. mistakes that make the code not compatible with the C language standards. These errors are detected during the compile process.
2. Functionality defects, i.e. defects that make the code not function as specified.
3. Definitional defects, i.e. defects in the program definition that make the program not meet the user's needs.

FINDING AND FIXING SYNTAX ERRORS

Syntax errors are detected by the compiler. It should give a line number where it thinks the error is located. Carefully inspect that line for errors. Here are a few other hints:

1. Typing mistakes and misspelled variable names are the most common errors.
2. If you can't find an error on the specified line, look at previous lines for missing semicolons, right brackets, or quotes.
3. If the error still can't be found, a useful trick to narrow down the error's location is to comment out sections of code with /* and */ and re-compile the code to see if the error disappears. Gradually increase or decrease the amount of code commented out until you locate the error.

4. If you are using macros, make sure the macro definitions are correct. For example, a macro should have balanced parentheses and should almost never contain a semicolon.

FINDING AND FIXING FUNCTIONALITY DEFECTS

Functionality defects are harder to find. The key to finding functionality defects is to create a good set of test inputs, often **called test vectors**. How well a set of test vectors checks the code is usually called **test coverage**. Your object should be to create a set of test vectors with maximum coverage.

Here are some hints for creating test vectors:

1. Test what you consider a normal set of input values first.
2. Test all cases that easily fit your functional description.
3. Test corner cases, i.e. minimum values, maximum values, 0 where appropriate.
4. Look for **if**, **case**, **while**, and **for** statements in the code and make sure your test vectors test all **paths** through those statements. A path is a sequence in which the code statements can execute under a specified set of conditions.
5. If your code is designed to check for bad input, test all possible types of bad input.
6. If some functions are hard to exercise, create a special program, sometimes called a **test bench**, just to exercise that function.

FINDING AND FIXING DEFINITIONAL DEFECTS

Definitional defects are errors in how you designed the program to work. To detect these:

1. If it is designed to interface with hardware, use the program with actual hardware under a variety of conditions.
2. If it is to take input from a person, let someone else try the program. No one is better at finding cases that don't work than an actual user!

DIAGNOSING RUN-TIME ERRORS

Sometimes a program just doesn't work for a reason that isn't at all obvious. A debugger is the last resort for finding program errors. Fortunately, the 68HCS12 chip includes a BDM, Background Debug Module, that supports a debugger that allows a programmer to single step through a program, look at variables, or automatically stop when a particular line of code is about to be executed.

The Axiom 68HCS12 debugger is described in Appendix B.

Notes on Coding Style

Review the examples in this chapter and note the programming style. In particular notice the use of indenting and comments. Following are some additional programming style guidelines

1. Place a comment before main and each function describing what the function does.
2. Capitalize the first letter in the name of the function. If the name requires more than one word, capitalize the first letter of every word. Note that some of the functions supplied by Axiom are exceptions.
3. Give each variable a meaningful name. Make the first letter lower case. If the name requires more than one word, capitalize the first letter of each word after the first.
4. Place a comment after each variable declaration to create a data dictionary telling what the variable does.
5. Break each function into chunks as previously described. Place comments before each chunk as shown in examples in this chapter.
6. Place and indent the curly brackets as in the examples.
7. Indent the code for the function by one tab.
8. Indent code inside curly brackets by an additional tab.
9. Continue indenting as above for nested ifs or loops.
10. To insure parentheses are correctly matched, put an "end of" comment after the closing curly bracket.

NOTE: An alternative naming style is to use underbars. In that case you might call the function Feed_a_part.

Building Code Libraries

As you progress through this book or through a project and test various functions, it is very useful to create code libraries of these functions. By creating libraries of tested code, you can avoid errors by reusing functions that have already been written and tested. For example, consider that you have created a set of functions that accurately wait a specified number of milliseconds. Your code could use the functions in a main like below.

CHAPTER 6: BINARY, DECIMAL, AND HEXADECIMAL NUMBERS

In working with microcontrollers, it is useful to be familiar with the binary and hexadecimal number systems. The binary number system is a base 2 number system, and the hexadecimal number system is a base 16 number system. If you're not already familiar with the concept of a base, it should become obvious in the next sections.

The Binary Number System

Our decimal number system is a base 10 system using 10 digits, 0 – 9. The decimal number 2134 = $2 * 10^3 + 1 * 10^2 + 3 * 10^1 + 4 * 10^0$ and the decimal number 1101 = $1 * 10^{3+} 1 * 10^2 + 0 * 10^1 + 1 * 10^0$.

In a computer, all numbers are represented by binary numbers. The binary number system is a base 2 system using only 2 digits, 0 and 1. The binary number 1101 = $1 * 2^3 + 1 * 2^2 + 0 * 2^1 + 1 * 2^0$ which equals 13 decimal. For reference, the decimal numbers 0 – 15 and their binary equivalents are shown in the table below. **Note that** the leading zeros in the binary numbers are for consistency, but are optional.

The digits in binary numbers are generally referred to as bits.

Dec	Bin	Dec	Bin	Dec	Bin	Dec	Bin
0	0000	4	0100	8	1000	12	1100
1	0001	5	0101	8	1001	13	1101
2	0010	6	0110	10	1010	14	1110
3	0011	7	0111	11	1011	15	1111

Decimal Numbers 0 thru 15 can be represented in binary by 4 bits as shown this table

If more than one base is used, it is a standard mathematical notation convention to use a subscript to indicate the base of a number as below. We will see later that the C programming language uses a 0X prefix for hexadecimal numbers.

Example Binary Numbers:

$01011_2 = 11_{10}$
$10001_2 = ?_{10}$

The bits of an n-bit binary number are usually numbered 0 through n-1, with bit 0 as the rightmost, least significant, bit and bit n-1 being the leftmost, most significant, bit. For example, in the binary number 0111, bits 0, 1, and 2 are all ones; bit 3 is a zero.

Consider how high you could count if you could count on your fingers in binary!

BITS, NIBBLES, BYTES, AND WORDS

In a computer, as already stated, a single one or zero is called a **bit**. A group of 4 bits is called a **nibble**. A group of 8 bits is called a **byte**. A group of bits of the maximum size a particular processor can handle in a single operation is called a **word**. The 68HCS12 has a 16-bit word.

BINARY NUMBERS AS NUMBERS

In a computer, all numbers are represented as binary numbers. Early programmers had to express all of their numbers as binary numbers. Fortunately, the C programming language allows programmers to use decimal or hexadecimal, base 16, numbers.

BINARY NUMBERS AS INSTRUCTIONS

In a computer a binary number is associated with each instruction that the processor is able to perform. These instructions, sometimes called **machine-language** instructions, are strongly related to the hardware and are at a much lower level than C instructions. The earliest programmers had to write their program code as a series of binary numbers, an extremely tedious and error-prone process.

Later, the concept of **assembly language** was developed allowing programmers to define machine-language instructions with short acronyms. For example, the assembly-language instruction

```
LDDA  #$80
```

would load the hexadecimal value 80_{16} into hardware accumulator A.

A skilled assembly-language programmer can write code that is more efficient than the code created by even the best compiler. Fortunately for most readers, C compilers convert C code to assembly code that is sufficiently efficient for most applications. Assembly language programming is beyond the scope of this book.

BINARY NUMBERS AS ASCII CHARACTERS

A code called the American Standard Code for Information Interchange, the 8-bit ***ASCII*** code, allows a computer to represent each English character, symbol, and digit as an 8-bit binary number. The following tables contain the most relevant ASCII codes along with their decimal and hexadecimal equivalents.

Char	Dec	Hex	Char	Dec	Hex	Char	Dec	Hex
(sp)	32	0x20	@	64	0x40	`	96	0x60
!	33	0x21	A	65	0x41	a	97	0x61
"	34	0x22	B	66	0x42	b	98	0x62
#	35	0x23	C	67	0x43	c	99	0x63
$	36	0x24	D	68	0x44	d	100	0x64
%	37	0x25	E	69	0x45	e	101	0x65
&	38	0x26	F	70	0x46	f	102	0x66
'	39	0x27	G	71	0x47	g	103	0x67
(	40	0x28	H	72	0x48	h	104	0x68
)	41	0x29	I	73	0x49	i	105	0x69
*	42	0x2a	J	74	0x4a	j	106	0x6a
+	43	0x2b	K	75	0x4b	k	107	0x6b
,	44	0x2c	L	76	0x4c	l	108	0x6c
-	45	0x2d	M	77	0x4d	m	109	0x6d
.	46	0x2e	N	78	0x4e	n	110	0x6e
/	47	0x2f	O	79	0x4f	o	111	0x6f
0	48	0x30	P	80	0x50	p	112	0x70
1	49	0x31	Q	81	0x51	q	113	0x71
2	50	0x32	R	82	0x52	r	114	0x72
3	51	0x33	S	83	0x53	s	115	0x73
4	52	0x34	T	84	0x54	t	116	0x74
5	53	0x35	U	85	0x55	u	117	0x75
6	54	0x36	V	86	0x56	v	118	0x76
7	55	0x37	W	87	0x57	w	119	0x77
8	56	0x38	X	88	0x58	x	120	0x78
9	57	0x39	Y	89	0x59	y	121	0x79
:	58	0x3a	Z	90	0x5a	z	122	0x7a
;	59	0x3b	[	91	0x5b	{	123	0x7b
<	60	0x3c	\	92	0x5c	|	124	0x7c
=	61	0x3d	]	93	0x5d	}	125	0x7d
>	62	0x3e	^	94	0x5e	~	126	0x7e
?	63	0x3f	_	95	0x5f	(del)	127	0x7f

This table shows the 8-bit ASCII Code for letters, numbers, and special symbols as decimal and hexadecimal numbers. Note the use of the 0x C notation.

When a program is running, all textual and numeric input/output is done using the above ASCII character codes.

Only the 7 least-significant, i.e. lower, bits are used as in the table below. The 8th bit, called the most-significant bit is frequently used as a **parity** bit for error checking.

Additional ASCII codes represent spaces, tabs, and various non-printing control characters. The table below describes those characters and their C escape characters that are used later in this book.

ASCII Name	Description	C Escape Sequence
null	null byte	\0
bell	bell or beep character	\a
bs	backspace	\b
ht	horizontal tab	\t
np	form feed	\f
nl	newline	\n
cr	carriage return	\r

The ASCII Control Characters have names and many have an escape sequence, denoted by a backslash, that can be used when programming in C.

A 16-bit code, called UNICODE, that includes characters for most world languages is gradually becoming popular, but is beyond the scope of this book.

HOW BINARY NUMBERS ARE REPRESENTED IN HARDWARE

In hardware, binary numbers are represented by voltage levels. The graph below shows a signal changing from 0 to 1 and back to zero. The 0 is represented by any voltage less than 0.4 volts. The 1 is represented by any number greater than 4 volts. The ranges above 4 volts and below 0.4 volts provide noise tolerance.

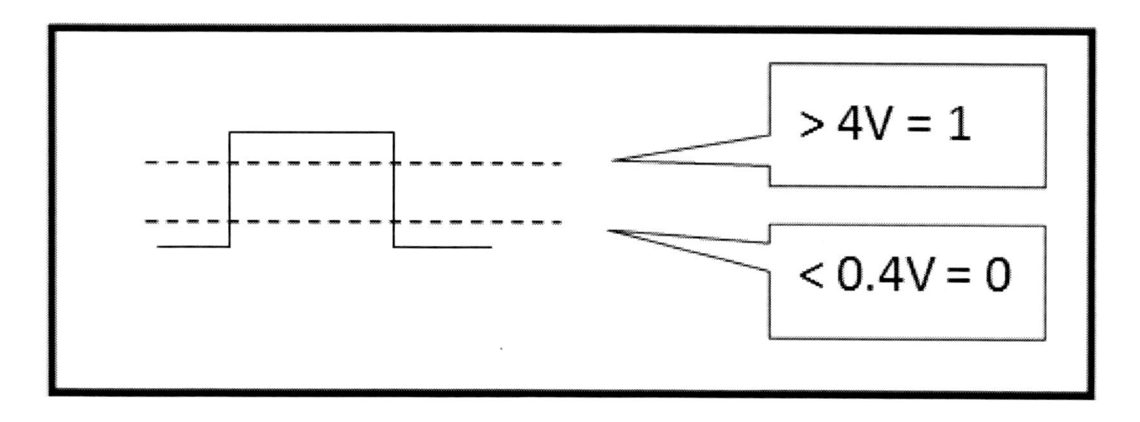

In hardware any voltage less than 0.4 volts represents a zero and greater than 4 volts represents a one.

The Hexadecimal Number System

The Hexadecimal system is a base 16 number system with 16 digits. Hexadecimal digits 0 – 9 are represented by the digits 0-9. Hexadecimal digits 10 – 15 are represented by the characters A – F, or a – f, respectively. Note that hexadecimal is generally shortened to hex.

The decimal number 2134 = $2 * 10^3 + 1 * 10^2 + 3 * 10^1 + 4 * 10^0$. In hex, the number 2134_{16}, 0x2134 would in decimal be $2*16^3 + 1*16^2 + 3*16^1 + 4*16^0$, or 8500. Verify this last example for yourself!

Converting Binary Numbers to Hexadecimal

Most compilers can understand decimal and hexadecimal numbers but cannot understand binary numbers. Therefore it is useful for a programmer to be able to convert binary numbers to hexadecimal. Fortunately, this is a fairly easy process as in the following example:

Consider the binary number 11111100100.

First break the bits into groups of 4 starting from the right. Use underbars as shown to separate the groups.

11111100100

⇩

111_1110_0100

Note that starting on the right adds an extra 0 on the left. Next, convert the 4-bit groups to their decimal equivalent.

111_1110_0100

⇩

7 14 4

You can do the conversion above in your head by simply remembering the 8, 4, 2, 1 values of the bits respectively. In this example 1110 maps into 8 + 4 + 2, or 14 decimal.

Finally, convert the three decimal numbers to their hexadecimal equivalents.

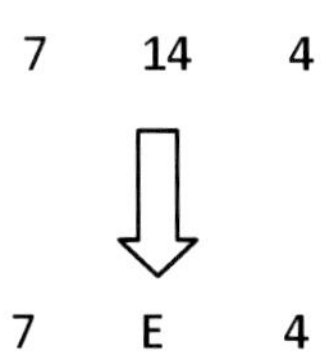

You can do this conversion by remembering that decimal values 0 thru 9 map into the same values in hexadecimal. The decimal values 10 thru 15 map into hexadecimal A – F respectively. In this case, decimal 14 maps to hexadecimal E.

Thus, binary 11111100100 maps into 0x7E4.

As an exercise, convert the binary number 10110101101 to hexadecimal. You should get 5AD!

Converting Hexadecimal numbers to binary

Note that the process for converting hexadecimal numbers to binary uses the same process in the opposite direction. That is:

1. Convert the hexadecimal digits to their decimal equivalent.
2. Convert each decimal value to its 4-bit binary equivalent.
3. Concatenate the results, keeping any leading zero's.

Note that this process is not generally required because of the bitwise operators described in the next chapter.

CHAPTER 7: REGISTERS, FLAGS, BITWISE OPERATORS, AND PORTS

To successfully program a microcontroller, an engineer must have a solid understanding of the concepts of registers, flags, and ports, and the ability to use bitwise operations to set, clear, toggle, and read them. This chapter introduces these concepts, which will be used extensively in remaining chapters of this book.

Registers

A register is a piece of memory, usually 8 or 16 bits in the 68HCS12, built into the microcontroller. Each bit of a register is implemented with a little circuit called a flip-flop. A flip-flop can have an output of a logical 0 or a logical 1. When a bit is set to a 0 or 1, a flip-flop will maintain that value until it is set to a new value.

Registers are used for a number of basic functions inside of a microcontroller. The registers of interest in this book are used in association with the 68HCS12 clock, direct input/output, and special function blocks such as the timers, A/D converters and PWM generators. Their uses can be broken into the following categories:

1. Registers that directly specify the output value of output pins.
2. Registers that directly read the value at input pins.
3. Registers that select the direction and electrical properties of input and output pins.
4. Registers that can be written to by the software to control the operation of special microcontroller hardware such as the system clock, the timers, PWM generators, and A/D converters.
5. Registers that can be read by the software to obtain information associated with the current state of the microcontroller hardware.
6. Register bits called flag bits that are set by the hardware and read or cleared by code in the user's program.

Sometimes the contents of a register represent a binary number. Sometimes individual bits in a register represent Boolean true or false values. Sometimes groups of bits, called **bit fields**, represent small binary numbers or choices. The use of registers, bits, and bit fields will become more clear as various registers are described in following sections of this book.

Using macro definitions in the register definition file, called ***ports_D256.h*** in the Axiom environment, registers can be read and/or written like normal variables in C, for example:

```
PLLCTL = 0xA2; // Sets the 8-bit PLL Configuration register to 0xA2
```

Sometimes bits or fields of a register must be considered a separate entity. As a result, it is necessary to be able to set, clear, or read and test individual bits. The following sections describe the bit macro and some useful macros that test, set, clear, and toggle individual register bits.

The Bit Macro

Code is made easier to read and write by defining the bit macro.

```
#define bit(n) (1 << n)
```

Where << is the shift left operator, an operator that shifts each bit of the binary equivalent of a number left by n bits. Since the binary equivalent of 1 is 0000_0001:

```
1 << 0        // equals 0000_0001
1 << 1        // equals 0000_0010
1 << 2        // equals 0000_0100
. . .
```

Thus bit(n) returns a number whose binary equivalent contains a one only in bit position n. Using the bit macro makes masks, explained in the next section, more readable and easier to create.

Bitwise Operators

Bitwise operators allow a programmer to test, set, clear, or toggle individual bits in a register. This capability is essential in many microcontroller operations.

USING A MASK TO TEST A BIT

A **mask** is a number which, when combined with a register's value, using a bitwise operator, modifies the individual bits as required to perform a useful operation. Masks are generally best thought of as binary numbers, but are represented as hexadecimal numbers in the code.

A mask can be used to test a single bit. Consider the case in which the register PTT has 8 bits, and I want to test only bit 3. The code for this test, using an if statement and a **bitwise and** would be:

```
if(PTT & 0x08) ...      // bitwise and with hex number (OK but hard to read)
if(PTT & bit(3)) ...    // bitwise and function with bit() macro
```

The bitwise and operator returns a 1 in a bit position if and only if both operands in that bit position are 1.

The figure below shows that regardless of the other bits, the result is non-zero, i.e. logically true, only if bit 3 is 1. As in the example above, the result can be used in an if, for, or while statement to test the bit in the source, i.e. PTT in this example. Note that bit 3 is 1 in the left example and 0 in the right example.

1	0	0	1	1	1	0	0
&							
0	0	0	0	1	0	0	0
=							
0	0	0	0	1	0	0	0

1	0	0	1	0	1	0	0
&							
0	0	0	0	1	0	0	0
=							
0	0	0	0	0	0	0	0

The bitwise and operator can be used with a mask to test a bit, bit 3 in this case, as shown in the two examples above.

USING A MASK TO SET A BIT

Register PTP has 8 bits. I want to set bit 6 to 1 without changing other bits. I can do it two ways.

```
PTP = PTP | bit(6); // | is the bitwise or function
PTP |= bit(6);      // Equivalent and slightly easier to write
```

Either of the statements will cause the following sequence of events to occur:

1. The microcontroller will read the 8-bit value of the PTP register.
2. It will **bitwise or** the current register's value with binary 0100_0000, bit 6. The bitwise or is 1 iff either or both of the operands is 1. In this case, bit 6 of PTP will be set to a 1.
3. Finally, it will write the new value to the register causing its bit 6, and only bit 6, to change to a 1.

The table below shows how the operation works when bit 6 is 0 and when it is 1. Note that when bit 6 is a 0, it is changed to a 1. When bit 6 is a 1, it is left as a 1. The operation can be said to set the bit.

1	0	0	1	1	1	0	0
|							
0	1	0	0	0	0	0	0
=							
1	1	0	1	1	1	0	0

1	1	0	1	1	1	0	0
|							
0	1	0	0	0	0	0	0
=							
1	1	0	1	1	1	0	0

The two examples show that the bitwise or operator and mask with 1 in bit 6 in this case, make that bit a 1 in the result regardless of its original value.

You can also use the bit function and bitwise or to set multiple bits, for example:

```
PTP |= (bit(6) | bit(7));   // set bits 6 and 7 of port P
```

Consider how this works!

USING A MASK TO CLEAR A BIT

The PTP has 8 bits and I want to clear bit 6 without changing any other bits.

```
PTP &= ~(bit(6));   // ~ is the bitwise not operator
```

The tilde operator changes all zeros to ones and all ones to zeros. Since bit(6) creates a binary number that has a 1 in bit 6 and a 0 in all other bits, ~bit(6) creates a binary number which has a 0 in bit 6 and a 1 in all other bits. The **bitwise and** is 1 if and only if both of the operands are 1. The figure below shows how the operation works.

<table>
<tr><td>1</td><td>1</td><td>0</td><td>1</td><td>1</td><td>1</td><td>0</td><td>0</td><td rowspan="5"></td><td>1</td><td>0</td><td>0</td><td>1</td><td>1</td><td>1</td><td>0</td><td>0</td></tr>
<tr><td colspan="8">&</td><td colspan="8">&</td></tr>
<tr><td>1</td><td>0</td><td>1</td><td>1</td><td>1</td><td>1</td><td>1</td><td>1</td><td>1</td><td>0</td><td>1</td><td>1</td><td>1</td><td>1</td><td>1</td><td>1</td></tr>
<tr><td colspan="8">=</td><td colspan="8">=</td></tr>
<tr><td>1</td><td>0</td><td>0</td><td>1</td><td>1</td><td>1</td><td>0</td><td>0</td><td>1</td><td>0</td><td>0</td><td>1</td><td>1</td><td>1</td><td>0</td><td>0</td></tr>
</table>

The two examples show that the bitwise and operator can be used with a complemented mask for bit 6, in this case, to clear the bit.

USING A MASK TO TOGGLE A BIT

The PTP register has 8 bits and I want to toggle bit 6, i.e. change to a one if it's a zero and to a zero if it's a one, without changing any other bits. To do this, use the bitwise exclusive or function or the assigning exclusive or function as show below.

```
PTP = PTP ^ bit(6); // Toggle bit 6 using the bitwise exclusive or
PTP ^= bit(6); // Toggle bit 6 using the assigning bitwise exclusive or
```

The ^ is the C symbol for the **bitwise exclusive or** function. The exclusive or function is true if and only if one, but not both, of the operands is 1. It can be used to toggle a bit as in the left and right examples in the following table.

<table>
<tr><td>1</td><td>0</td><td>0</td><td>1</td><td>1</td><td>1</td><td>0</td><td>0</td><td></td><td>1</td><td>1</td><td>0</td><td>1</td><td>1</td><td>1</td><td>0</td><td>0</td></tr>
<tr><td colspan="8">^</td><td></td><td colspan="8">^</td></tr>
<tr><td>0</td><td>1</td><td>0</td><td>0</td><td>0</td><td>0</td><td>0</td><td>0</td><td></td><td>0</td><td>1</td><td>0</td><td>0</td><td>0</td><td>0</td><td>0</td><td>0</td></tr>
<tr><td colspan="8">=</td><td></td><td colspan="8">=</td></tr>
<tr><td>1</td><td>1</td><td>0</td><td>1</td><td>1</td><td>1</td><td>0</td><td>0</td><td></td><td>1</td><td>0</td><td>0</td><td>1</td><td>1</td><td>1</td><td>0</td><td>0</td></tr>
</table>

The bitwise exclusive or operator can be used to toggle a bit, in this case bit 6. In the left example it is toggled from a 0 to a 1. In the right example, from a 1 to a 0.

SUMMARY OF BITWISE OPERATORS

<table>
<tr><th>Op</th><th>Name</th><th>Function</th></tr>
<tr><td>&</td><td>bitwise and</td><td>Corresponding result bits are 1 if bit in both operands is 1</td></tr>
<tr><td>&=</td><td>bitwise and equal</td><td>Bitwise and with assignment</td></tr>
<tr><td>|</td><td>bitwise or</td><td>Corresponding result bits are 1 if bit in at least one operand is 1</td></tr>
<tr><td>|=</td><td>bitwise or equal</td><td>Bitwise or with assignment</td></tr>
<tr><td>^</td><td>bitwise exclusive or</td><td>Corresponding result bits are 1 if exactly one bit in operand is 1</td></tr>
<tr><td>^=</td><td>bitwise exclusive or equal</td><td>Bitwise exclusive or with assignment</td></tr>
<tr><td>~</td><td>complement</td><td>Changes all 1's to 0's, all 0's to 1's</td></tr>
<tr><td><<</td><td>shift left</td><td>All bits are shifted left one position</td></tr>
<tr><td>>></td><td>shift right</td><td>All bits are shifted right one position</td></tr>
</table>

Some Useful Bit Macros

The following macros can be used to avoid remembering the appropriate bitwise operators:

```
#define SetBit(n,variable) (variable |= bit(n))
#define ClearBit(n,variable) (variable &= ~bit(n))
#define ToggleBit(n,variable) (variable ^= bit(n))
#define BitIsSet(n,variable) (variable & bit(n))
#define FlagIsSet(n,variable) (variable & bit(n))
#define ClearFlag(n,variable) (variable = bit(n))
```

Put the above in a file called BitMacros.h as shown below! You can then #include BitMacros.h in the front of your programs when needed.

```
// File BitMacros.h
//////////////////////
#ifndef _BITMACROS_DEF_H
#define _BITMACROS_DEF_H

// Bit Macros
/////////////////////////////
#define bit(n) (1 << n)
#define SetBit(n,variable) (variable |= bit(n))
#define ClearBit(n,variable) (variable &= ~bit(n))
#define ToggleBit(n,variable) (variable ^= bit(n))
#define BitIsSet(n,variable) (variable & bit(n))
#define FlagIsSet(n,variable) (variable & bit(n))
#define ClearFlag(n,variable) (variable = bit(n))

#endif /* _BITMACROS_H */
```

The macros will make you code more readable. They would be used as follows:

```
SetBit(4,DDRT);  // set bit 4 of the DDRT register
ClearBit(5,DDRT); // clear bit 5 of the DDRT register
ToggleBit(1,DDRT);  // toggle bit 1 of the DDRT register
if(BitIsSet(5,DDRT)) . . . // do something if bit 5 of DDRT is a 1
while(! FlagIsSet(0,TFLG1)); // wait for the bit 0 flag
ClearFlag(1,TFLG1);  // clear flag bit 1 in the TFLG1 register
```

BITWISE OPERATORS VERSUS LOGICAL OPERATORS

Bitwise operators operate on individual bits. Logical operators treat each operand as a single entity. In general, the two give entirely different results. Consider for example:

```
a = 0x05;    // binary 0000_0101
b = 0x06;    // binary 0000_1010
x = a & b;   // sets x to 0x00, binary 0000_0000
x = a && b;  // sets x to 0x01, binary 0000_0001 (a true, non-zero, value)
```

Note the difference between the **bitwise and, &,** and the **logical and, &&.**

Flags

Some bits in some registers are what are called **flag bits** or just **flags**. Flags are set by the hardware when some event occurs. They cannot be set by the program, but can be read by the program and can be cleared by writing a one to that bit. Writing a 0 to a flag bit has no effect. Following are examples of code to test a flag and code to clear a flag.

```
// Example of code of to test a flag bit
while(! FlagIsSet(3,CRGFLG)); // wait for the PLL to lock

// Example of code to clear a flag bit
ClearFlag(4,TFLG1);    // clear compare register 4 flag
```

Ports

A port is a set of pins, actual signals to/from the microcontroller, that can be used as inputs or outputs to read or control external components.

DIGITAL PORTS

Most ports on the 68HCS12 are digital, that is, they can only input or output values of 0, nominally any voltage less than 0.4 volts, or 1, nominally any voltage greater than 4 volts. However, a few of the 68HCS12 ports are connected to the analog-to-digital converter and accept analog inputs, i.e. any voltage between 0 and 5 volts.

Special ports, called GPIO, general purpose input/output, ports are controlled directly by reading or writing to one or more registers. GPIO ports in the 68HCS12 have an external pin for each of the bits in the registers associated with the port.

Chapter 10 will describe GPIO ports and the registers that control them in detail.

ANALOG PORTS

The world is analog. Temperature, pressure, torque, voltage can all have an infinite number of values. Microprocessors are digital and cannot directly process an analog voltage.

To solve this problem, 68HCS12 has a number of analog input ports. Each pin can accept any input voltage between zero and five volts. These inputs are connected to an A/D, analog to digital converter, as described in chapter 11. The converter generates a binary number that is equivalent to the input voltage. The microprocessor can then perform operations on that binary number.

CHAPTER 8: INTRODUCTION TO THE 68HCS12 BLOCK DIAGRAM

The block diagram below will be used in following chapters to help the reader relate the various components of the 68HCS12. This diagram highlights the CPU and memory which have been the only parts used by the code in the previous chapters.

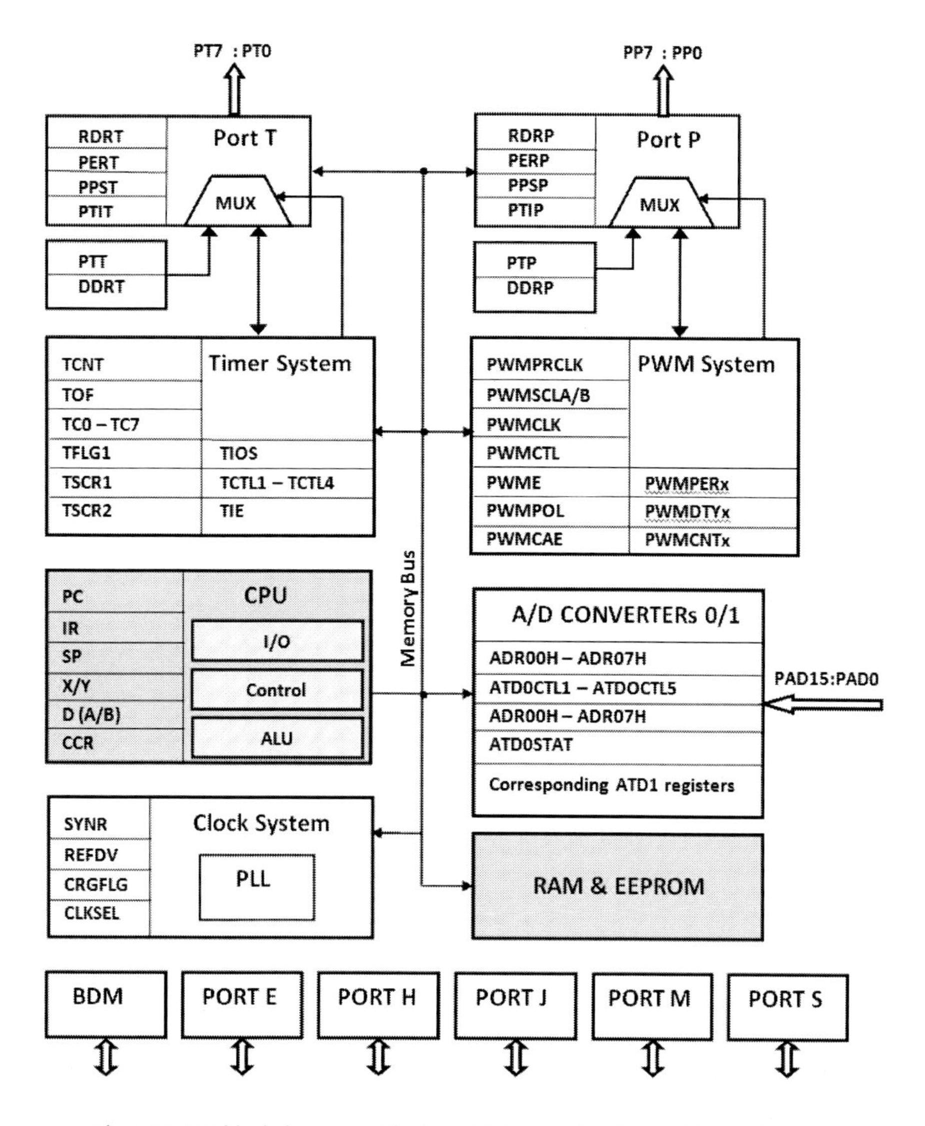

The 68HCS12 block diagram with above highlights the CPU and internal memory.

Each component is shown with the registers used to configure that portion of the 68HCS12. Note that although I have highlighted the internal memory, prototyping boards, such as those sold by Axiom actually use external memory on the PC board so that they can make more memory available.

A more detailed description of the CPU and its associated registers is relevant to assembly language programming which is beyond the scope of this book.

This book describes the hardware and programming process associated with ports PT, PP, and PAD. In the diagram, the notation for each port refers to the numbers of the pins, i.e. bits, associated with the ports. For example, PT7 : PT0 refers to the 8 port T pins, i.e. 0 thru 7. Each pin is associated with corresponding bits in registers in 68HCS12.

The other ports, i.e. E, H, J, M, and S, are used by the Axiom prototyping board and are also beyond the scope of this book.

CHAPTER 9: THE CLOCK SYSTEM

The 68HCS12, like most microprocessors, uses clocked logic, logic in which all events are synchronized with a high frequency square wave signal called a clock. The clock system creates that clock which is called the **bus clock** or sometimes the **Eclock**. This chapter describes the clock system, highlighted in the chip diagram below, and how to configure it.

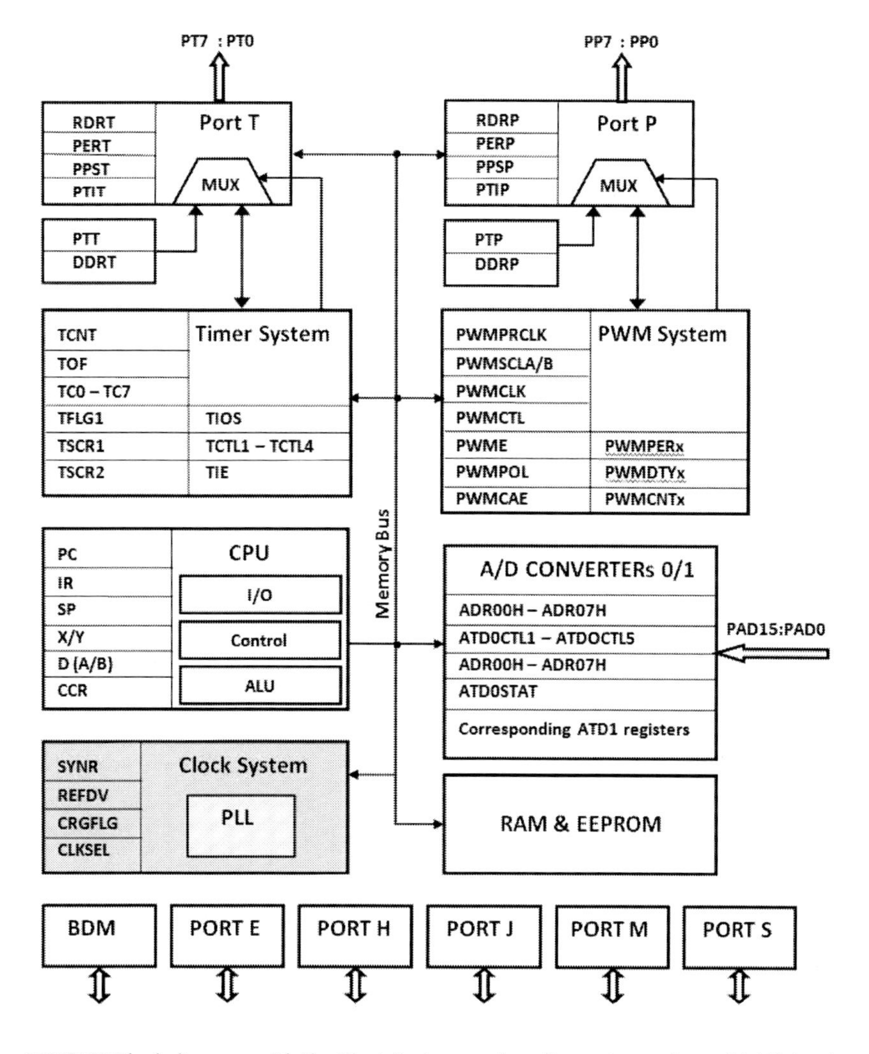

68HCS12 Block diagram with the Clock System and configuration registers highlighted

Clock System Overview

Below is a more detailed block diagram of the clock system.

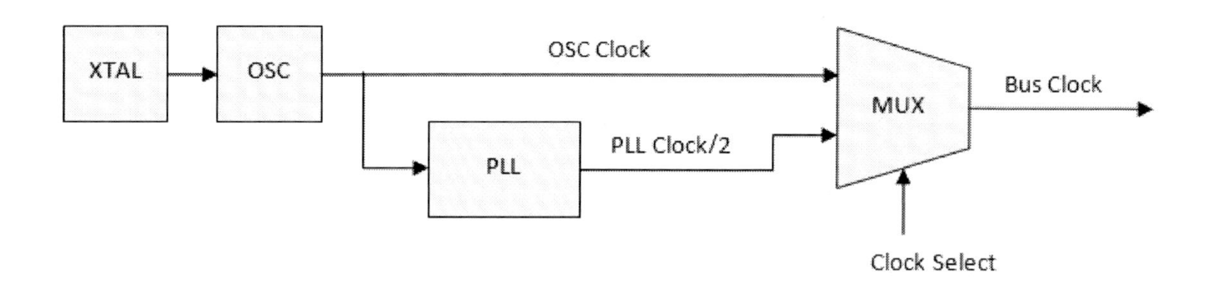

The clock system consists of an external crystal, an oscillator circuit, a phase-locked loop, PLL, circuit and a multiplexer to select which clock to use.

The initial source for the clock signal is a crystal oscillator, OSC, that creates a signal with a very accurate frequency based on the frequency associated with a quartz crystal that is in a small "can" external to the 68HCS12. In most 68HCS12 systems, the crystal oscillator creates a signal with a frequency of 4 MHz. In the schematic above, the output of the OSC, i.e. oscillator, section would be a 4MHz square wave which could be used directly as a clock.

The clock system also contains a circuit called a PLL, phase-locked loop. The PLL is able to create a square wave with a frequency that is a multiple of the oscillator frequency. The clock select signal in the diagram determines if the oscillator clock or the PLL clock is used as the Bus Clock.

Configuring the Clock System

The clock system contains four registers needed to configure the clocks: SYNR, REFDV, CRGFLG, and CLKSEL. Other registers in the clock system do not need to be set and are beyond the scope of this book.

At turn-on, the bus clock defaults to the oscillator clock. In some cases, that frequency may be fine for your application.

In other cases, you may want the processor to run faster to keep up with the external hardware, or slower to minimize the system's RF radiation and power consumption. To do this, your program must configure and enable the PLL.

The frequency out from the PLL is determined as

BusClock = OSCClock * (SYNR + 1)/(REFDV + 1)

where SYNR and REFDV are registers. BusClock is the desired bus clock frequency and OSCClock is the crystal oscillator frequency. The two frequencies must be in the same units, i.e. MHz, KHz, or Hz.

7	6	5	4	3	2	1	0
0	0	SYNR5	SYNR4	SYNR3	SYNR2	SYNR1	SYNR0

The SYNR register determines the numerator in the PLL scale equation. The bit numbers and name are as above. A zero name means that bit isn't used.

The REFDV register allows the user to set the frequency to values less than the crystal frequency or with higher resolution by making the increments of SYNR have a smaller effect

7	6	5	4	3	2	1	0
0	0	0	0	REFDV3	REFDV2	REFDV1	REFDV0

The REFDV register determines the denominator in the PLL scale equation.

For example, if the OSCClock frequency is 4MHz, the SYNR register is set to 4, and the REFDV register is set to 0, the Bus Clock frequency would be 20 MHz.

In general, if REFDV is set to 0:

SYNR = (DesiredBusClock/OSCClock) – 1

You could set the clock frequency to 10 MHz by setting REFDV to 1 and SYNR to 4. As an exercise, verify that you could not get a frequency of 10 MHz without setting the REFDV register!

In the general case, you will need to experiment with REFDV and SYNR values to obtain a desired frequency. Remember that SYNR has a maximum value of 63 and REFDV has a maximum value of 15.

Once the SYNR and REFDV registers are set, the PLL will take a short time to **lock** to the desired frequency. The clock code should test the LOCK flag in the CRGFLG register, shown below, until the lock flag becomes true.

7	6	5	4	3	2	1	0
RTIF	PORF	LVRF	LOCKIF	LOCK	TRACK	SCMIF	SCM

The LOCK flag in the CRGFLG is used to determine when the PLL is locked, i.e. working properly.

Once the LOCK flag is true, the code can set the PLLSEL bit in the CLKSEL register to make the PLL output the bus clock.

7	6	5	4	3	2	1	0
PLLSEL	PSTP	0	0	0	0	0	0

The CLKSEL Register PLLSEL bit selects the PLL output as the Bus Clock

Throughout the rest of this book I will talk about an InitializeHardware() function. InitializeHardware() should first call InitPLL() to initialize the clock

```
// File: PLL.h
// Author: Harlan Talley
// Date:  10/26/2012
//////////////////////////////////////////////////////////////////////////////
#ifndef _PLL_DEF_H
#define _PLL_DEF_H

void InitPLL();


#endif /* _PLL_DEF_H */
```

```
// File PLL.c
// InitPLL() initializes the 68HCS12 clock.  It assumes
// interrupt is disabled.  It is somewhat simpler and less
// flexible than the Axiom version which does not assume a
// 20 MHz EClock.
//////////////////////////////////////////////////////////////
#include "PLL.h"
#include "Ports_D256.h"
#include "BitMacros.h"

void InitPLL()
{
    // Initialize the Clock System to 20 MHz assuming a
    // 4 MHz oscillator clock using the equation
    // Bus Clock = OSC Clock * (SYNR + 1)/( REFDV + 1)
    ////////////////////////////////////////////////////////////////
    CLKSEL = 0x00;  // make sure the bus clock is the OSC clock
    REFDV = 0;      // set the PLL divisor to 1
    SYNR = 4;   // set the SYNR to (Bus Clock/OSC Clock) - 1

    while(! FlagIsSet(3,CRGFLG)); // wait for PLL to lock

    CLKSEL = 0x80;  // set the PLL as the bus clock
}
```

NOTE: The 68HCS12 may not work properly at Bus Clock frequencies higher than 20 MHz.

The Axiom IDE also generates code for a somewhat more flexible InitPLL(). I believe the example above is somewhat easier to understand. For leverage, you may want to put InitPL() in a file called PLL.c as discussed in the section on building libraries. Note that Axiom's Sysinit.h also includes a prototype for InitPLL().

CHAPTER 10: GENERAL-PURPOSE INPUT AND OUTPUT

This chapter describes how to use port pins for general-purpose input or output, GPIO. A general-purpose input is an input whose value is read and acted upon directly by statements in the program. A general-purpose output is an output whose value is controlled directly by statements in the program.

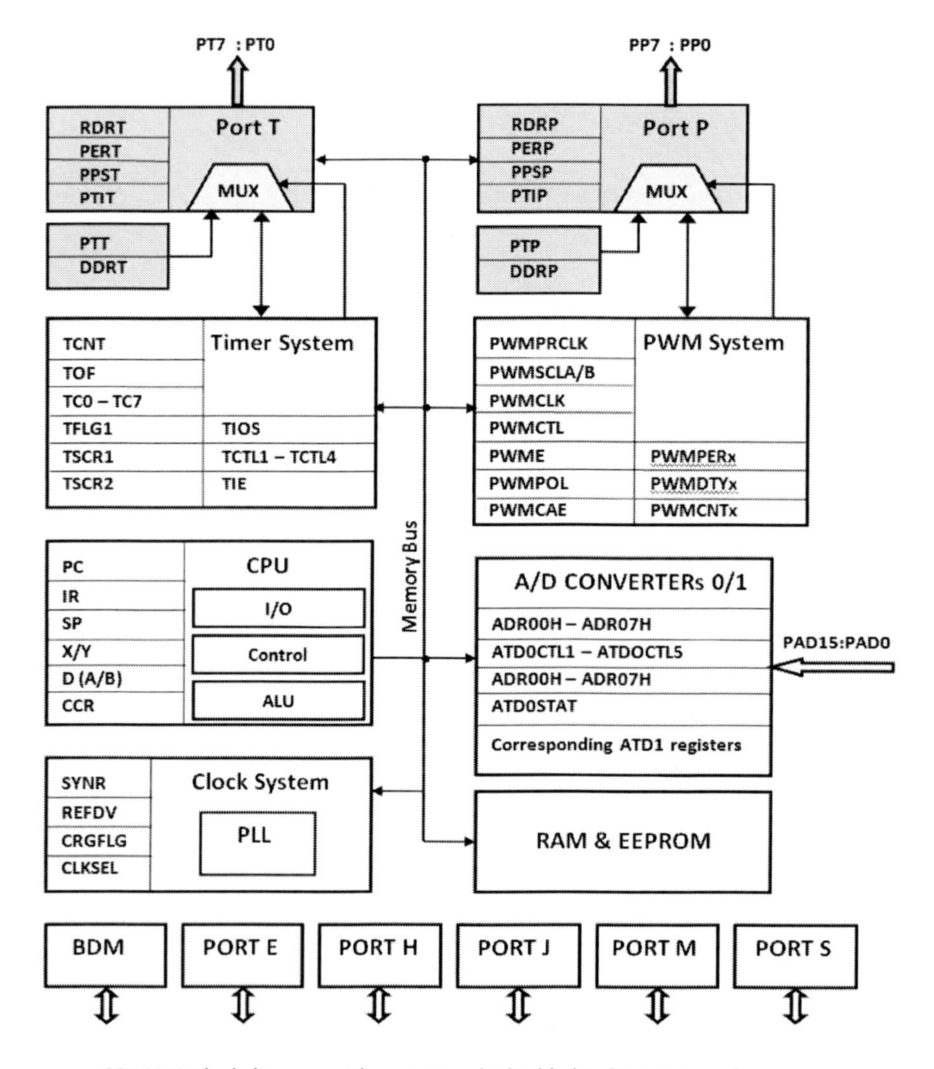

68HCS12 Block diagram with ports T and P highlighted in GPIO mode

While most of the 68HCS12 ports are generally used for other purposes in prototyping boards such as the Axiom boards, Ports T and P are available for application-specific use as digital inputs or outputs.

Each Port P pin can be used as a GPIO pin or can be used to output a PWM signal for purposes such as motor control. The PWM functions are described in detail in chapter 12.

Each Port T pin can be used as a GPIO pin or can be associated with a timer function. The timer functions are described in detail in chapter 13.

Any other port pin that is available, i.e. not used for a special function on your processor board, can likewise be used for a GPIO.

For clarity in this book, I refer to the whole group of pins as the port, e.g. port P. I refer to the individual pins as **port pins** and any associated register bit as a **port bit**, e.g. port P bit 6.

Port Registers

Using macro definitions in the Axiom file **Ports_D256.h** or its equivalent, ports that can be used as GPIO ports can be configured and read and/or written like normal variables in C, for example:

```
PTT = 0xA2; //10100010
```

would set the 8 bits of port T output to 0xA2. In this case, if all control registers are correctly set, each of the 8 pins in port T would be set as shown below.

Bit No	7	6	5	4	3	2	1	0
Value	1	0	1	0	0	0	1	0
Pin	PTT7	PTT6	PTT5	PTT4	PTT3	PTT2	PTT1	PTT0
Voltage	5V	0V	5V	0V	0V	0V	5V	0V

This table shows outputs when the statement PTT = 0xA2 is executed. The bit names are for documentation reference only.

In most applications, the programmer would want to test or change the individual pins, and hence the bits, separately using masks and the bit function as described in chapter 7.

NOTE: In this and following chapters, I will sometimes use the lower case x in bit and register names to refer to P or T. In general, bit names are for documentation only since the bitwise operators would actually be used to access individual bits.

Configuring GPIO Pins

Pins used for GPIO can be configured for data direction, i.e. as inputs or outputs. Their drive strength, i.e. how much current they can source or sync can be controlled. And, if they are used as an input, a pull up or pull down can be specified.

SETTING THE DATA DIRECTION AS INPUT OR OUTPUT

The DDRx register bits set a pin as an input or an output if that pin is available as a GPIO pin. A zero, the default, makes the corresponding pin an input; a one, makes the corresponding pin an output. The data direction for port T pins is set by the DDRT register. The direction for port P pins by the DDRP register bits, etc.

7	6	5	. . .	2	1	0
DDRx7	DDRx6	DDRx5	. . .	DDRx2	DDRx1	DDRx0

The bits of the DDRx, e.g. DDRT or DDRP, registers control the data direction where 0 in a bit position makes the associated pin an input, and 1 makes it an output.

SETTING OUTPUT DATA

The PTx registers hold the value to be driven out to the pin if the port is used as a GPIO and the direction is set as out. The bits in PTT set the outputs for port T, the bits in the PTP register set the outputs for port P, etc.

NOTE: Except in special cases, such as a wired-or port configuration, the PTx registers can also be used to read the input value if the port bit is configured as a GPIO.

7	6	5	4	3	2	1	0
PTx7	PTx6	PRx5	PTx4	PTx3	PTx2	PTx1	PTx0

The PTx, e.g. the PTT and PTP register bits, are used to actually set the output of port bits that are configured as GPIO output pins.

READING AN INPUT VALUE

The read-only PTIx registers always return the value of the pin, even if the pin is not used for GPIO.

7	6	5	4	3	2	1	0
PTIx7	PTIx6	PTIx5	PTIx4	PTIx3	PTIx2	PTIx1	PTIx0

The PTIx, e.g. the PTIT and PTIP, register bits always return the value on the pin, even if it's not used as a GPIO.

GPIO CONTROL REGISTER DIAGRAM

The diagram below is a conceptual diagram of the I/O pins. I show the diagram only for the convenience of those who are comfortable reading abstract schematic diagrams. Don't be overly concerned if you don't understand the diagram.

The inputs and outputs in the diagram, such as PT, PTI, etc, correspond to a bit of the corresponding register. For example, if you were to consider port T, bit 6, the PT box in the diagram would correspond to bit 6 of the PTT register, PTI to bit 6 of the PTIT register, and so forth.

The module in the diagram would be the timer module for port T, the PWM module for port P. The arrows on the lines represent the direction of data flow. The parallelograms in the diagram represent multiplexer circuits. If the control input on the bottom of a multiplexer is zero, the signal associated with the 0 input is fed to the output. If the control input is one, the signal associated with the 1 input is fed to the output.

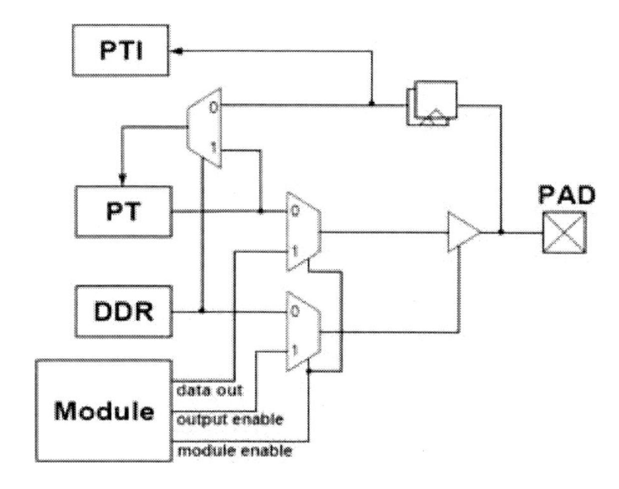

Illustration of I/O Pin Functionality

The triangle near the pad is the pad's output driver. It is disabled when the signal coming into the bottom is a 0.

Setting Pin Pull-Ups and Drive Strength

The RDRx, PERx, and PPSx registers respectively control drive level if a pin is used as an output, and select a pull-up type and turn pull-ups on or off if a pin is used as an input.

NOTE: These settings have effect independent of whether or not the pin is used as a GPIO.

REDUCING OUTPUT DRIVE STRENGTH

Drive strength specifies how much current a pin can source or sink. If the pin is used as an output the corresponding bit in the RDRx registers select between normal and reduced drive strength. Zero, the default, sets normal drive, one sets reduced drive. If the pin is used as an input, the bit is ignored.

7	6	5	. . .	2	1	0
RDRx7	RDRx6	RDRx5	. . .	RDRx2	RDRx1	RDRx0

The RDRx Registers, e.g. RDRT and RDRP, are used to reduce the driver strength of the respective output on specified bits.

ENABLING PULL DEVICES

If the pin is used as an input, the PERx, pull device enable registers, activate a pull device. The pull device can be a pull-up or a pull-down as specified by the pull polarity register described in the next section. The associated pull enable bit has no effect if the port bit is used as output.

7	6	5	. . .	2	1	0
PERx7	PERx6	PERx5	. . .	PERx2	PERx1	PERx0

The PERx, e.g. PERT and PERP, Registers are used to enable pull devices on specified bits.

SELECTING PULL DEVICE POLARITY

The PPSx, pull polarity select, registers select either a pull-up or pull-down device if a pull device is enabled. It becomes active only if the pin is used as an input. The associated pull enable bit has no effect if the port bit is used as output.

7	6	5	4	3	2	1	0
PPSx7	PPSSx6	PPSx5	PPSx4	PPSx3	PPSx2	PPSx1	PPSx0

The PPSx Registers select the polarity of a pull device if it is enabled.

SENSING A SWITCH

A switch's state can be detected using the circuit below.

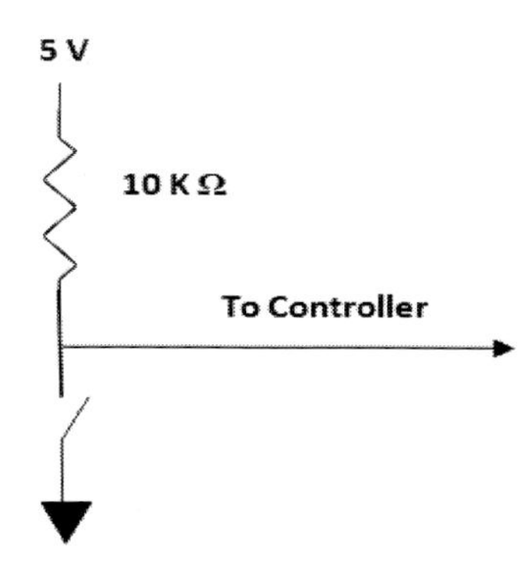

When the switch is open, the resistor pulls the output signal to 5 volts, a logical 1.
When it's closed, it pulls the output voltage down to 0 volts, a logical 0.

The 10K resistor could be an actual resistor or could be approximated by enabling a pull device in the 68HCS12 port. Many prototyping boards already contain this circuit. **NOTE: ports default as inputs.**

DRIVING AN LED

A low-power LED can be driven by a microcontroller port by putting a small resistor in series with the LED.

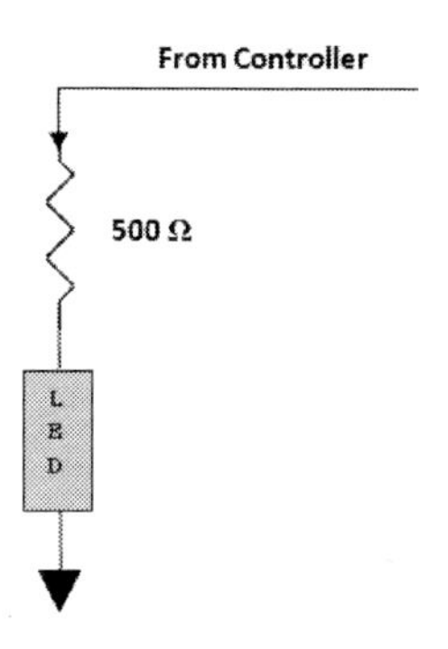

This LED Driver Circuit uses a resistor to limit the current through the LED which is driven by a microcontroller.

When the output is set to a logical one, 5V, the LED will turn on. When the output is set to a logical zero, 0V, the LED will turn off. Many prototyping boards already contain this circuit. **Note: the appropriate port bit must be set as an output using its DDR register.**

AN EXAMPLE I/O PROGRAM

```
// File: PortLab/Source/main.c
// Version: 1/30/09
// Author(s): Harlan Talley
// This Program Toggles an LED connected to port P, bit 0
// whenever a button, connected to port T, bit 0, is pressed
///////////////////////////////////////////////////////////////

// include files
//////////////////
#include "ports_D256.h"  // Port definition file
#include "BitMacros.h"

// Constants and defines (Assumes bit operators defined)
///////////////////////////
#define LED_ON (BitIsSet(0,PTP))
#define SWITCH_PUSHED (! BitIsSet(0,PTT))
#define TURN_LED_OFF ClearBit(0,PTP)
#define TURN_LED_ON SetBit(0,PTP)

// Function Prototypes
/////////////////////////
void InitializeHardware();

// main()
/////////////////////////////////////////////////////////////
main() {

      // Initialize the 68HCS12's PLL and other hardware
      //////////////////////////////////////////////////////
      InitializeHardware();

      // Initialize the I/O ports
      ///////////////////////////////////////
      ClearBit(0,DDRT); // set up port T, bit 0 as an input
      SetBit(0,DDRP);   // set up port P, bit 0 as an output

      // Start with the led off
      ///////////////////////////
      TURN_LED_OFF;

      // Wait in a loop to toggle the switch whenever the switch is pushed
      ////////////////////////////////////////////////////////////////////
      while(1) {
            while(! SWITCH_PUSHED);  // wait for switch to be pushed

            // toggle the LED when the switch is pushed
            /////////////////////////////////////////////
            if(LED_ON) TURN_LED_OFF;
            else  TURN_LED_ON;
```

```
            // Wait for the switch push to end so it doesn't
            // repeat the loop and continuously turn the LED
            // off and on
            ///////////////////////////////////////////////////////////
            while(SWITCH_PUSHED);  // wait for push to end
        }  // end of while(1)

} // end of main
```

As always, the program file starts with a header comment that includes the file name, the file's version and author, and a description of the program.

Since the program uses ports, it includes the port definition file. If the ports_D256.h file or equivalent isn't included, the compiler will generate undeclared variable errors where the ports are accessed.

The code also defines and uses the bit macro as well as other special defines to make the later code more readable. These defines also make it easier to change pin numbers if they need to be changed later.

In keeping with good programming practice, it contains comments to describe each chunk, and line comments to describe what's happening in some of the important lines. The first step in the programming process should have been to create these comments.

Note that InitializeHardware() and a few other details are left out for simplicity.

CHAPTER 11: THE A/D CONVERTER

The real world is mostly analog – voltages, gas pressures, speed, position. The logic inside a microcontroller is digital using binary numbers. The purpose of an A/D, analog to digital, converter is to convert an analog voltage resulting from measuring some real-world value, to a number representing that analog value. The 68HCS12 allows you to measure up to eight separate voltages with each of two A/D converters. This chapter describes how the A/D converters work and how to use them.

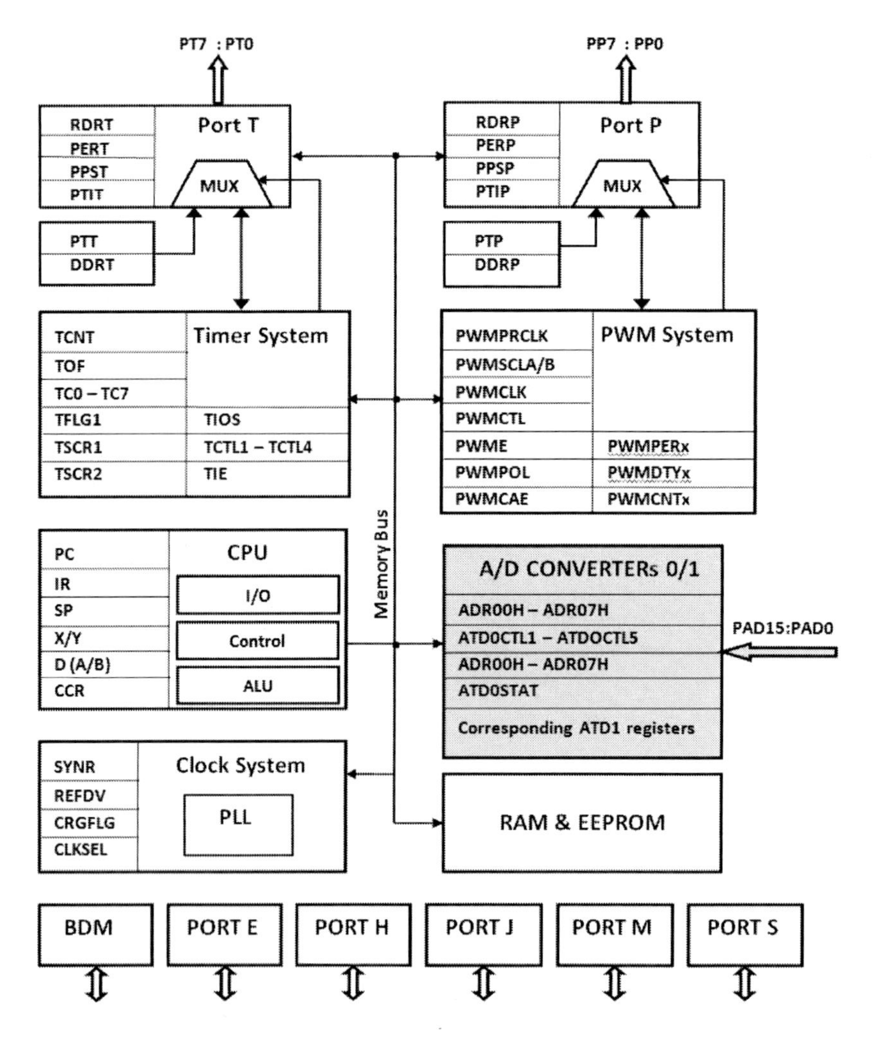

The A/D Converter allows the 68HCS12 to measure real-world analog inputs.

The Successive Approximation A/D Conversion Process

Successive approximation is one of the most commonly used algorithms for converting an analog voltage to a binary number. A successive-approximation A/D converter uses an algorithm that generates a binary number equal to the ratio of an input voltage to a known reference voltage.

Assume a 4-bit A/D converter with an input voltage vin and a reference voltage, reference. **The algorithm is implemented in hardware, but can be best described in C code as follows:**

```
short atdResult;     // 4-bit binary output
short ref;           // the analog reference voltage
float v;             // current voltage remainder

v = vin;
atdResult = 0;
if(v >= rev/2) {                         // Step 1
       atdResult |= bit(3);
       v = v - ref/2;
}
if(v >= ref/4) {                         // Step 2
       atdResult |= bit(2);
       v = v - ref/4;
}
If(v >= ref/8) {                         // Step 3
       atdResult |= bit(1);
       v = v - ref/8;
}
if(v >= ref/16) atdResult |= bit(0);     // Step 4
```

This code describes the algorithm implemented in the A/D converter hardware. ***THIS IS NOT CODE THAT A USER WOULD WRITE***

For example, consider ref = 8 volts and vin = 6 volts:

Step 1:

v >= ref/2, i.e. 4 volts, so atdResult = 1000 binary

v = 6 – 4 = 2 volts

Step 2:

v >= ref/4, i.e. 2 volts, so atdResult = 1100 binary

v = 2 – 2 = 0 volts

Step 3:

v is not >= reference /8 , 1 volt, so atdResult = 1100 binary

Step 4:

v is not >= ref /16, 0.5 volt, so atdResult = 1100 binary (12 decimal)

Since the result is effectively a ratio of Vin/reference, it must be converted to an actual voltage value. The actual voltage is determined by the equation:

Vin = result * stepSize

stepSize = ref/$2^{noOfBits}$.

In our 4-bit example stepSize = 8v/16 = 0.5 volts, which gives vin = 12 * 0.5 = 6V, which we know is the correct result.

Overview of the 68HCS12 A/D Converter

The 68HCS12 has two identical A/D converters, ATD0 associated with analog port pins AN0 –AN7 and ATD1 associated with analog port pins AN8 – AN15. As shown in the diagram below, ATD0 can take input from one or more of AN0 – AN7 and place results in one or more of ADR00H – ADR07H in several different combinations, depending on the configuration.

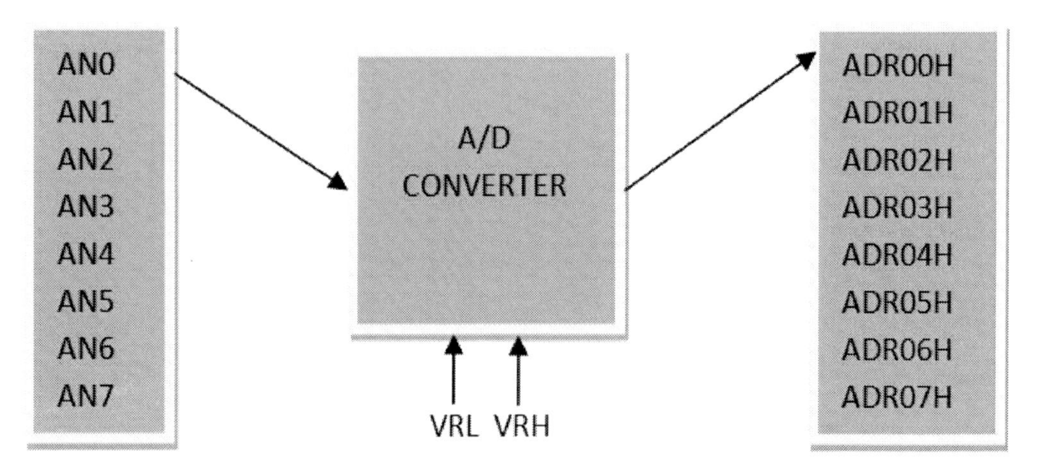

A/D Converter 0 Inputs and Outputs. The analog inputs are the AN0 –AN7 68HCS12 pins. The conversion results are placed in bits ADR00 –ADR07 depending on how the converter is configured. Measurements are with respect to VRL and VRH.

The converters can be configured to give a result with 8-bit or 10-bit resolution. The rest of this chapter refers to ATD0. The equivalent ATD1 registers function in the same way.

Setting the Reference Voltage

The reference voltage is set by connecting the VRL input to the 68HCS12 to the low reference voltage, and VRH to the high reference voltage for A/D conversion. The easiest way to use the inputs is to connect VRL to ground, GND, and VRH to VDD, i.e. 5 volts.

NOTE: this will only allow the measurement of voltages between 0 and 5 volts.

Setting Basic Converter Parameters

The ATD0CTL4 register, with bit names as shown below, is primarily to set parameters associated with the converter itself. The bit names are provided to make the description more readable.

7	6	5	4	3	2	1	0
SRES8	SMP1	SMP0	PRES4	PRES3	PRES2	PRES1	Pres0

The ATD0CTL4 Register (ATD1CTL4 for ATD1) sets the base converter parameters.

SRES8 selects resolution 1 => 8-bit, 0 => 10-bit. An 8-bit measurement happens more quickly while a 10-bit measurement provides more resolution. An 8-bit measurement is generally quite sufficient unless you have a very accurate reference and need a very precise result.

SMP1:SMP0 selects the sample time in conversion clocks, where the conversion time is 2 to the (SMP1:SMP0 + 1) power conversion clocks. An A/D converter works by taking a sample of the input and then doing the conversion. The sample more-or-less represents the average voltage over the sample time. A short sample is more susceptible to picking up noise on the signal. Unless you desire to detect noise spikes, a longer sample time is generally better. For maximum accuracy and best noise immunity, set SMP1:SMP0 to 11 binary, giving 2^4, or 16 conversion clocks for the sample time.

PRES4:PRES0 determines the conversion clock frequency. The conversion clock frequency is the bus clock frequency divided by (2 * (PRES3:PRES0 + 1)). The conversion clock frequency must fall between 500KHz and 2MHz for the converter to function properly. If the bus clock runs at 20MHz, choosing PRES4:PRES0 = 00111, i.e. 7 gives a division by 2*8, or 16, giving a frequency of 20MHz/16, or 1.25 MHz, which is within the desired range.

Combining all the above makes:

```
ATD0CTL4 = 0xE7;  // 1_11_00111 = 1110_0111 = 0xE7
```

Turning On the Converter

The ATD0CTL2 register contains a number of specialized configuration bits. By default the A/D converter is turned off to save power. The only bit of significance in ATD0CTL2 is the ADPU power-up bit.

7	6	5	4	3	2	1	0
ADPU	AFFC	AWAI	ETRGE	ETRGP	ETRGE	ASCIE	ASCIF

The ATD0CTL2 Register (ATD1CTL2 for ATD1) is used mostly to turn the converter on and off.

The ETR bits configure external triggering of the A/D converters. The ASCIE bit can be set to 1 to enable an interrupt when the conversion is complete. ASCIF is the interrupt conversion complete flag.

For purposes of this text, set ADPU to 1 to enable the A/D converter. Leave all other bits at 0.

```
ATD0CTL2 =  0x80;  // 1000_0000 = 0x80;
```

Setting the Number and Placement of Conversions

The ATD0CTL3 register sets the number of conversions, whether the results are placed always in the same location or in FIFO mode, and what happens to the conversion in debug mode during a break.

7	6	5	4	3	2	1	0
0	S8C	S4C	S2C	S1C	FIFO	FRZ1	FRZ0

The ATD0CTL3 Register (ATD1CTL3 for ATD1) determines the number and placement of results.

S8C: S1C control the number of conversions, i.e. readings, per sequence, 1 through 8 where 0000 and 1XXX select 8 conversions.

The FIFO bit determines if the reading results are always placed in the same location or placed sequentially in the result registers as if in a circular FIFO.

0 => conversions placed in register corresponding to conversion number
1 => conversions placed in consecutive registers wrapping around if needed

FRZ[1:0] controls what happens to conversions when a break occurs.

00 => Continue Conversions

10 =>Finish conversion then freeze

11 => Freeze Immediately

Given all of the above:

```
ATD0CTL3 = 0x08;  // 0_0001_0_00 = 0000_1000 = 0x08
```

would set only S1C to take one reading when triggered and place the result in ADR00H. The converter would continue A/D conversion after a break.

Setting the Input Channel(s) and Mode

The ATD0CTL5 register sets the input channel(s) and configures how many readings to take and how to place them. Writing to ATD0CTL5 triggers the reading(s) and should be written to only after the other registers have been configured.

7	6	5	4	3	2	1	0
DJM	DSGN	SCAN	MULT	0	CC	CB	CA

The ATD0CTL5 Register (ATD1CTL5 for ATD1 register configures several properties of the converter.

The DJM bit sets result alignment in 16-bit result registers. Normally you want the result right justified.

0 => Left Justified

1 => right justified

The DSGN specifies if the result is in signed or unsigned format. Normally you want unsigned.

0 => Unsigned

1 => Signed

The SCAN bit sets A/D Continuous Conversion Mode. Normally you want to trigger each conversion or conversion set separately.

1 => Continuous Conversions

0 => Must trigger each conversion by writing to ATD0CTL5 for every conversion

MULT specifies reading a single or multiple inputs.

0 => read from a single input
1 => read from multiple inputs

If MULT is 0, CC:CA specify the channel to be read. S8C:S1C in ATD0CTL3 specify the number of readings. If more than one reading is taken, the readings will be taken successively from the same channel and placed in sequential result registers.

For example if MULT is 0 and ATD0CTL5 = 1_0_0_0_0_000 | channelNo), the leftmost 1 would specify a right-justified result and channelNo would set CC, CB, and CA. With the previously suggested settings, the converter would take a single right-justified reading from the specified channel number, place the results in ADR00H, and require a write to ATD0CTL5 to trigger each reading.

If MULT is 1, the number of channels is specified by the number of conversions, i.e. the values in S8C:S1C. The start channel is specified by CC:CA.. For example, if MULT = 1, CC:CA = 1, and S8C:S1C = 3, the converter would take readings from AN1, AN2, and AN3.

In either case, if FIFO is false, the results would be placed respectively in registers ADR00H, ADR01H . . . If FIFO is true, the first result would be placed in the next register after the last register previously used until it reaches ADR07H and loops back to ADR00H.

Checking the Conversion Status

Since a conversion takes several clock cycles, you must wait for the conversion(s) to complete before reading the results. ATD0STAT is a 16-bit conversion status register.

7	6	5	4	3	2	1	0
SCF	0	ETORF	FIFOR	0	CC2	CC1	CC0

The ATD0STAT (ATD1STAT for AD1) register bits are as above. The only bit of interest for this text is SCF.

SCF => Sequence Complete Flag. The flag is set when the conversion or conversion set is complete.

SCF is cleared by writing a 1 to the SCF bit, starting a new conversion by writing to ATD0CTL5, or reading the result register. SCF is set by the hardware when a conversion or conversion set is complete.

ETORF and FIFOR are error flags beyond the scope of this book.

CC2:CC0 show the index of the register in which the current conversion will be placed.

When doing simple busy waiting, you will wait for a completion with:

```
while(! BitIsSet(15,ATD0STAT));   // Wait for A/D completion
```

Getting The Results

Once the conversion(s) are complete, you can read it from the appropriate 16-bit result register, i.e. ADR0xH with the currently suggested settings. For example:

```
reading = ADR00H;
```

Converting the Register Value to a Voltage

If the A/D converter is configured as an 8-bit converter with a 5 volt reference voltage, the step size would be calculated as 5V/256, or 19.53125 millivolts. To insure being able to get a result of up to 5 volts, I would suggest rounding this up to 19.6 millivolts.

If the A/D converter is configured as a 10-bit converter with a 5V reference, the step size should be 5V/1024, or 4.8828 millivolts which I would round up to 4.9 millivolts.

Once you have obtained the result, you must convert it to a voltage. For an 8-bit conversion, the C code would be:

```
voltage  = (short)((float)reading * 19.6);   // Voltage in millivolts
```

The float casting is to insure that the compiler doesn't convert the 19.6 to a short prior to the multiply. The short casting is to assure that the compiler doesn't give a type conversion warning, assuming voltageInMillivolts is a short.

A/D Register Summary

The list below provides a quick reference to the key functions that will be changed or programmed in ATD0. Use it in combination with the previous example code to configure the converter.

Register	Name	Function
ATD0CTRL4[7]	SRES8	1=>8 bit, 0 => 10 bit conversion
ATD0CTL2[7]	ADPU	1 => converter on
ATD0CTL5[7]	DIM	1 => right justified
ATD0CTL5[6]	DSGN	0 => unsigned, 1 => signed result
ATD0CTL5[5]	SCAN	0 => single conversion or set on write to ATD0CTL5, 1 => continuous
ATD0CTL3[6:3]	S8C:S1C	1 – 8 specify 1 – 8 readings respectively
ATD0CTL5[4]	MULT	1 specifies readings from multiple sequential inputs
ATD0CTL5[2:0]	CC:CA	Select input channel if a single channel is to be read, the start channel if multiple channels are specified
ATD0CTL3[2]	FIFO	1 causes the results to be placed in sequential registers with wrap-around, i.e. FIFO mode.
ATD0STAT[15]	SCF	1 means conversion sequence complete.

Example Function to Measure a voltage

```
// MeasureVoltage returns the voltage in millivolts from the
// specified channel. It assumes a 5 volt reference voltage.
//////////////////////////////////////////////////////////////////
short MeasureVoltage(short channelNo) {
	short result; // reading from result register & voltage in mV

	// Set ATDOCTL4 for an 8-bit conversion, 16-clock sample time,
	// 1.25 MHz conversion clock
	//////////////////////////////////////////////////////////////////
	ATDOCTL4 = 0xE7; // 1_11_00111 = 1110_0111 = 0xE7

	//  Turn on the Converter with ATDOCTL2
	///////////////////////////////////////////////////
	ATDOCTL2 = 0x80;  // 1000_0000 = 0x80

	// Set ATDOCTL3 to make 1 conversion, always place it in ADR00H,
	// continue on break
	//////////////////////////////////////////////////////////////////
	ATDOCTL3 = 0x08; // 0_0001_0_00 = 0000_1000 = 0x08

	// Set ATDOCTL5 to start a single triggered, right-justified
	// conversion from the specified channel
	///////////////////////////////////////////////////////////////////
	ATDOCTL5 = 0x80 | channelNo; // 1_0_0_0_0_000 | channelNo

	// Wait for the conversion to complete
	///////////////////////////////////////////////
	while(! BitIsSet(15,ATDOSTAT));

	// Get the result
	////////////////////////////
	result = ADR00H;

	// Translate result to the voltage in millivolts
	//////////////////////////////////////////////////
	result  = (short)((float)result * 19.6);

	// Return the result
	////////////////////////
	return result;
}  // End of MeasureVoltage
```

How would you set ATDCTL3 and ATDCTL5 to take readings from AN0, AN1, and AN2 and place the results in ADR00H, ADR01H, and ADR02H respectively?

As with other special code, I would recommend putting MeasueVoltage in .h and .c library files.

Using the A/D Converter to Read Temperature

A transducer is a device that measures a physical property such as temperature and produces an electrical resistance, capacitance, inductance, or voltage. An electrical circuit can convert any of these to a voltage that can then be read by the A/D converter.

For example, the LM34 is a precision temperature measurement device that converts temperature to voltage such that each degree Fahrenheit is equivalent to 10 millivolts in a range from 0 to 300 degrees Fahrenheit. According to the manufacturer, it is accurate to within 0.4 degrees at 77 degrees Fahrenheit.

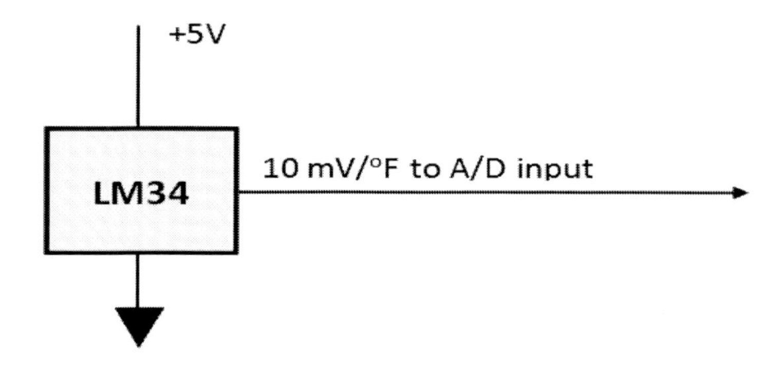

The LM34 Temperature Measurement Circuit creates a voltage proportional to the surrounding temperature.

To use the circuit, simply connect it to the A/D converter input. In most applications, it would be simplest to use the already available 5 volt supply for a reference. You could use a lower reference voltage for slightly better accuracy.

CHAPTER 12: THE PWM GENERATORS

The 68HCS12 contains 8 PWM generators that can be associated with the 8 bits of Port P. They make motor control software considerably more efficient since they don't require the use of interrupts or busy waiting once they are set up. This chapter describes what a PWM generator is and how to use it.

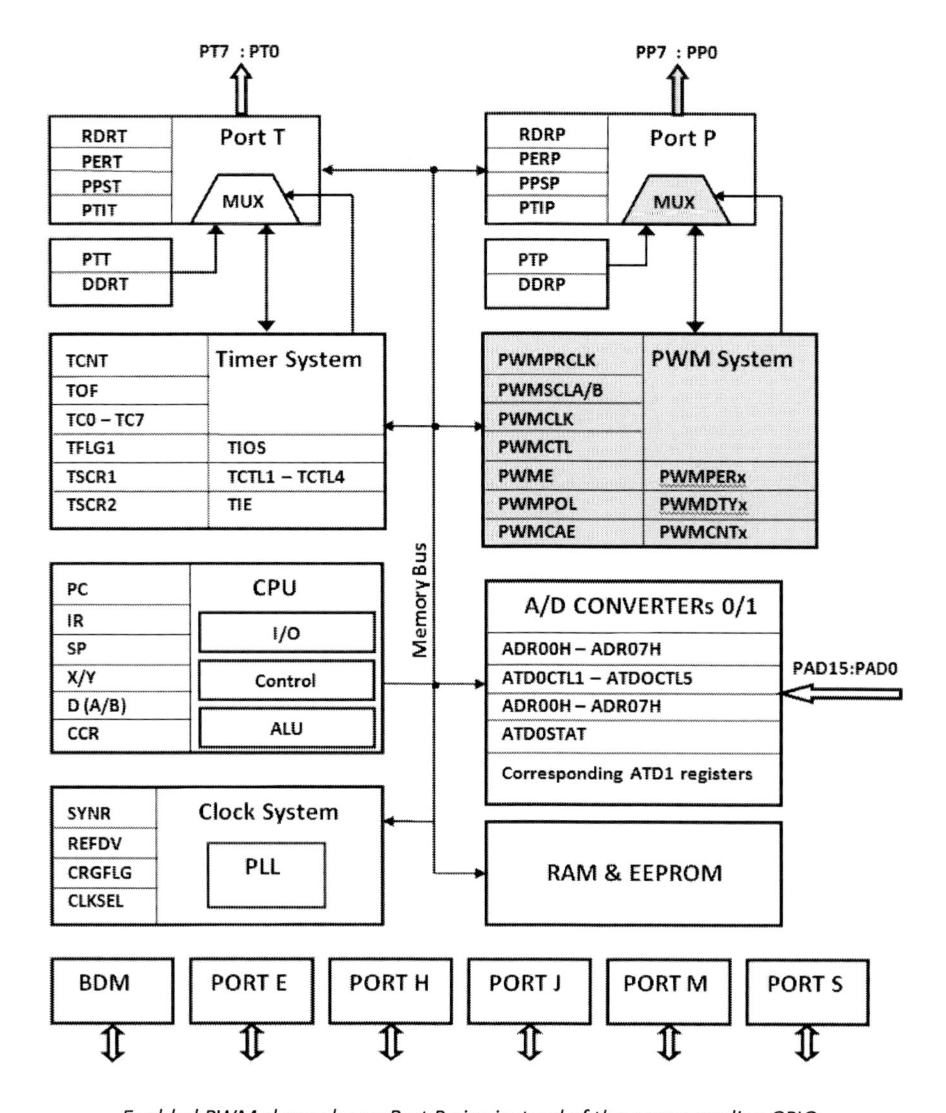

Enabled PWM channels use Port P pins instead of the corresponding GPIO.

What is a PWM Generator?

Varying the voltage to a motor is not an effective way to control a motor's speed because lowering the voltage reduces the motor's torque. Also, low voltages tend to cause motors to overheat.

A PWM, or Pulse Width Modulated, signal can be used to vary the power supplied to a motor, and hence its speed, without reducing the peak torque. It does this by varying the duty, or drive, time of a fixed-frequency rectangular waveform without changing the peak voltage supplied to the motor.

A PWM signal has a fixed period, or frequency, and a variable duty, or drive, time. An effective PWM frequency is normally about 1 KHz. Depending on the motor circuit, power may be applied to the motor when the PWM signal is low, called a low duty time, or high, a high duty time.

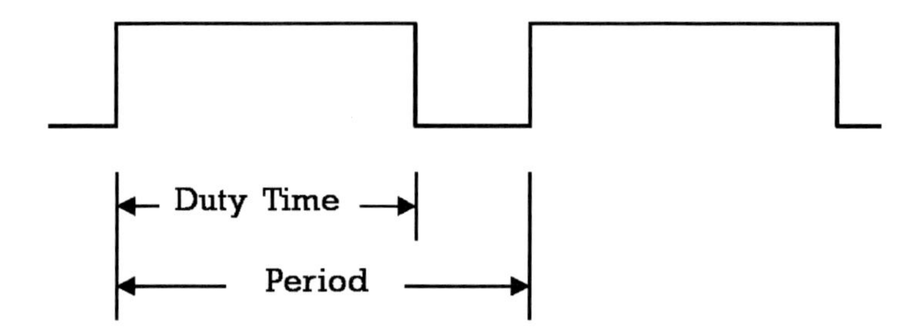

Example PWM Waveform for a system with a high duty Time. A system with a low duty time would have the low time as the duty time. The period would be the same.

PWM Generator Overview

The 68HCS12 allows up to 8 PWM generators on port P with mechanisms for adjusting the period and high time or each. The figure below is a conceptual block diagram of the PWM generator section of the 68HCS12. As the diagram shows, all of the PWM generators are referenced to the chip's Bus Clock. The Bus Clock can be divided down in several different ways to create a set of PWM clocks as described in the next section.

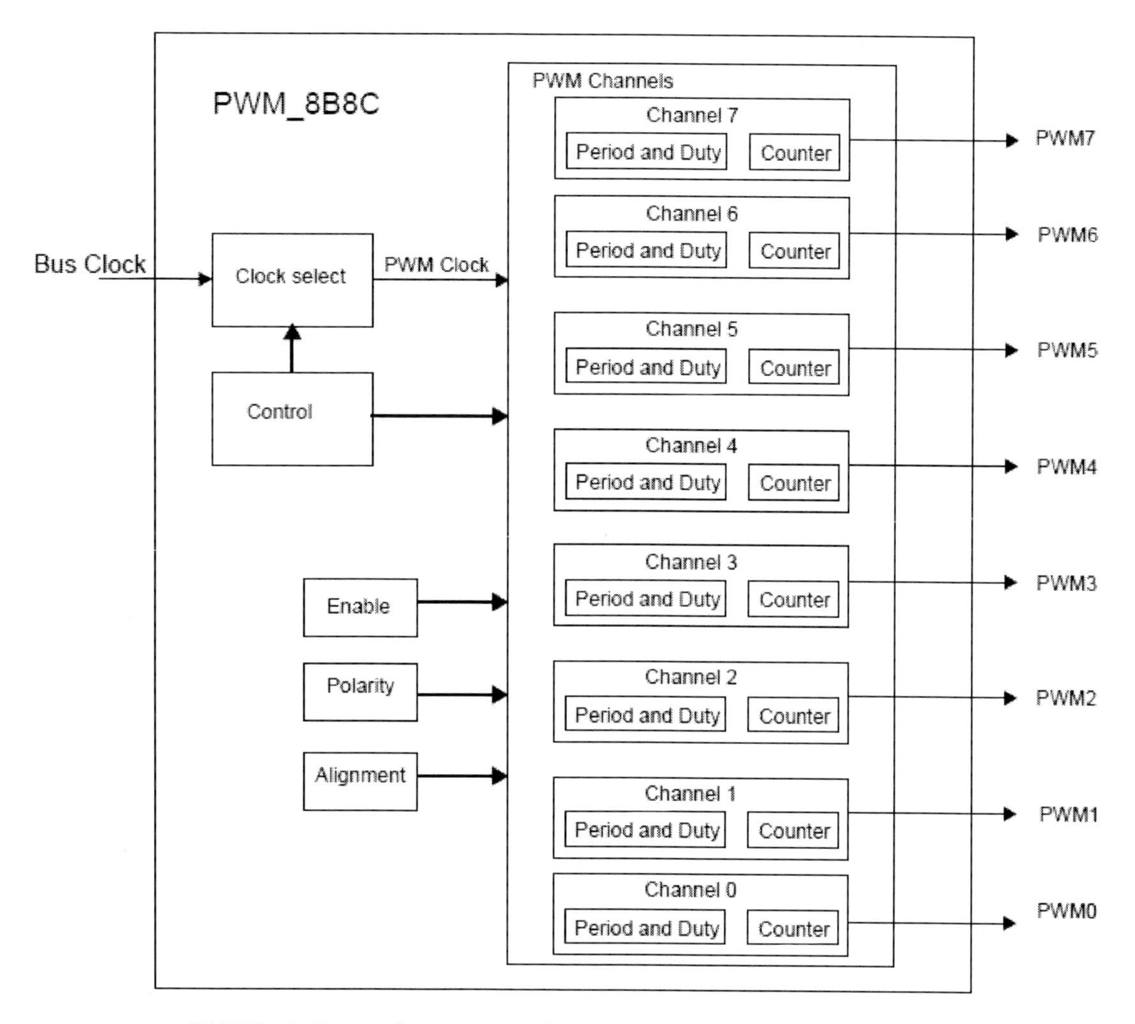

PWM Block Diagram from Motorola documentation. The enable, polarity, and alignment registers each have one bit for each channel.

The PWM Clock Select Module

The figure below describes the clock select module. The module generates Clocks A, SA, B, and SB from the bus clock. The frequencies of clocks A and B are created by dividing the Bus Clock by amounts determined by the bits in the PWMPRCLK register. The frequencies of clocks SA and SB are determined by the frequencies of clocks A and B and the values of the PWMSCLA and PWMSCLB registers. Using the multiplexer controlled by bits in the PWMCLK register, channels 0, 1, 4, and 5 can each select between clocks A and SA and PWM channels 2, 3, 6, and 7 can each select between clocks B and SB. The clock configuration registers are described in more detail in the following sections.

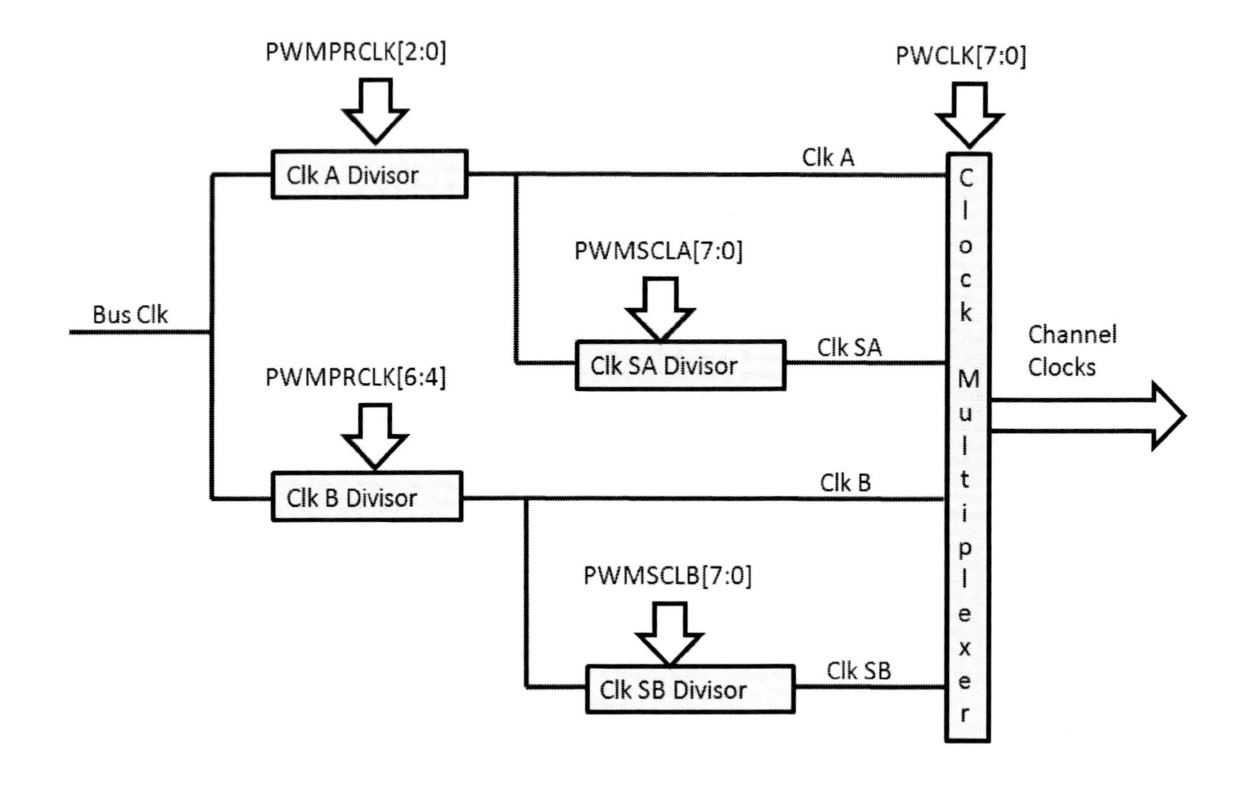

The PWM Clock Select Module allows the programmer to select which clock is fed to each channel.

SETTING CLOCK A AND CLOCK B FREQUENCIES

The PWMPRCLK, PWM pre-scale clock register, determines the frequencies of PWM Clock A and Clock B.

7	6	5	4	3	2	1	0
0	PCKB2	PCKB1	PCKB0	0	PCKA2	PCKA1	PCKA0

The PWMPRCLK Register. PCKB2:PCKB0 define the clock A pre-scale value, PCKA2:PCKA0 define the clock B pre-scale value. The bits labeled 0 are not used and always return 0 when read.

The PCKA2:PCKA0 bits determine the frequency of Clock A as in the table below. The PCKB2:PCKB0 bits likewise determine the frequency of Clock B.

PCKA2	PCKA1	PCKA0	Result
0	0	0	ClockA = Bus Clock
0	0	1	Divide bus clock by 2 to get Clock A
0	1	0	Divide bus clock by 4
0	1	1	Divide bus clock by 8
1	0	0	Divide bus clock by 16
1	0	1	Divide bus clock by 32
1	1	0	Divide bus clock by 64
1	1	1	Divide bus clock by 128

The PCKx2: PCKx1 bits are coded to divide as shown above.

SETTING CLOCK SA AND CLOCK SB FREQUENCIES

The 8-bit PWMSCLA and PWMSCLB registers determine the frequencies of Clocks SA and SB respectively.

7	6	5	4	3	2	1	0
D7	D6	D5	D4	D3	D2	D1	D0

The 8 bits of the PWMSCLA and PWMSCLB registers determine the divisors for PWMPRCLKA and PWMPRCLKB respectively.

The frequency of Clock SA is the frequency of Clock A divided by (2 * PWMSCLA). Likewise, the frequency of Clock B is the frequency of Clock B divided by (2 * PWMSCLB). The value 0x00 is treated as 256, allowing a maximum division of 512. The table below shows by example how the dividers work.

D7	D6	D5	D4	D3	D2	D1	D0	Result
0	0	0	0	0	0	0	0	Divide by 512
0	0	0	0	0	0	0	1	Divide by 2
0	0	0	0	0	0	1	0	Divide by 4
0	0	0	0	0	0	1	1	Divide by 6
								. . . .
1	1	1	1	1	1	1	1	Divide by 510

PWMSCLx divide values based on the PWMSCLA or PWMSCLB register value.

For example, if the Bus Clock has a frequency of 20 MHz and PCLKA2:PCLKA0 is set to 001, i.e. divide bus clock by 2, then ClockA would have a frequency of 10 MHz. If PWMSCLA is then set to 5, Clock SA would have a frequency of 10 MHz/10, or 1 MHz.

CHOOSING THE CHANNEL CLOCKS

Each bit of the PWMCLK register selects whether the corresponding channel will use the clock or the scaled clock. Bits 0, 1, 4, and 5 select between Clock A and Clock SA for the corresponding channels. Bits

2, 3, 6, and 7 select between Clock B and Clock SB for the corresponding channels. For example, a zero in bit 0 will select clock A for PWM channel 0, a one will select Clock SA.

7	6	5	. . .	2	1	0
C7B/SB	C6B/SB	C5A/SA	. . .	C2B/SB	C1A/SA	C0A/SA

The PWMCLK register determines for each PWM channel if it receives input from its associated clock or scaled clock.

The PWM Channels

The figure below represents two of the PWM channels. As described above, PWM1 would be clocked by Clock A or SA depending on the multiplexer selection. Likewise, PWM2 would be clocked by Clock B or SB.

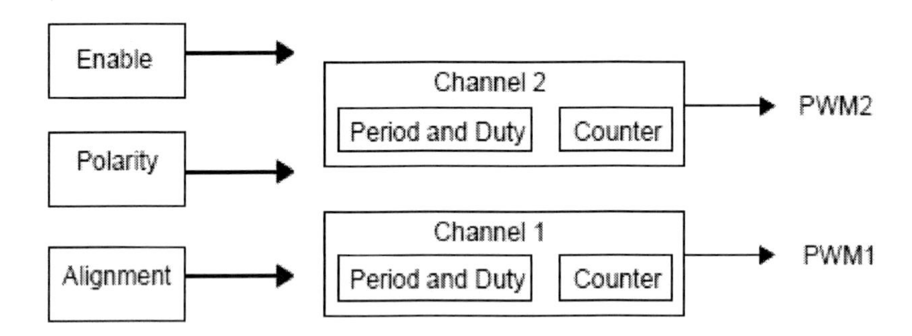

Each PWM channel is configured by its period and duty registers as well as its associated bit in the enable, polarity, and alignment registers.

Each channel has its own counter, period and duty registers. The enable, polarity, and alignment registers are shared since there is one bit in each of those registers for each of the 8 channels. The functions of these registers and the Period, Duty, and Counter registers are described in more detail in the following sections.

SETTING THE CHANNEL POLARITIES

The PWMPOL register selects the polarity of the PWM during the duty, or drive, time. Each channel has a bit in the register. A one in a channel's bit position specifies that the PWM output will be 5 volts during the duty time and zero volts during the rest of the period. A zero specifies that the output will be 0 volts during the duty time and 5 volts during the rest of the period.

7	6	5	. . .	1	0
PPOL7	PPOL6	PPOL5	. . .	PPOL1	PPOL0

The PWMPOL register determines the drive polarity. The ... implies bits 2, 3, and 4.

SETTING THE CHANNEL PERIODS

There is an 8-bit PWMPERx register, where x is replaced with the PWM Channel number, for each channel. The value in a channel's register specifies the number of counts of that channel's clock in the period of that channel. Note that the period is the reciprocal of the frequency, i.e. 1/frequency, where the period is in milliseconds and the frequency is in kilohertz or the period is in microseconds and the frequency is in megahertz.

7	6	5	4	3	2	1	0
D7	D6	D5	D4	D3	D2	D1	D0

The eight 8-bit PWMPERx registers specify the channel's period count. The period count should always be greater than its duty count.

SETTING THE CHANNEL DUTY TIMES

The 8-bit PWMDTYx registers, where x is replaced with the PWM channel number, specify the number of clock counts in the duty time of the corresponding channel.

7	6	5	4	3	2	1	0
D7	D6	D5	D4	D3	D2	D1	D0

The eight 8-bit PWMDTYx registers specify the channel's duty count. The duty count should always be less than the period count.

SETTING THE CHANNEL INITIAL PWM COUNT

The eight 8-bit PWMCNTx registers, where x is replaced with the PWM Channel number, correspond to the counters in the PWM channels. They can be used to read or set the count value for the corresponding channel. This would generally be used to initialize the count to zero.

7	6	5	4	3	2	1	0
D7	D6	D5	D4	D3	D2	D1	D0

The eight PWMCNTx registers are used to initialize the PWM count register for the eight PWM channels..

SETTING THE CHANNEL ALIGNMENTS

Setting a bit in the PWMCAE register to 1 causes the duty time of the corresponding channel to be center aligned instead of the default left alignment. As described below, the hardware functions differently in the left-aligned and center-aligned modes.

7	6	. . .	1	0
PCAE7	PCAE6	. . .	PCAE1	PCAE0

The bits in the PWMCAE register determine for each channel if the output is left aligned or center aligned. A one implies center alignment.

ENABLING THE PWM CHANNELS

Each channel has an enable bit corresponding to its channel number in the PWME, PWM Enable, register. Setting a bit to 1 enables the corresponding PWM channel so that its output is used instead of any output specified in the Port General Purpose I/O registers for that bit.

NOTE: Leaving a bit as a 0 lets the corresponding port P pin function as a GPIO pin.

7	6	5	. . .	2	1	0
PWME7	PWME6	PWME5	. . .	PWME2	PWME1	PWME0

The PWM enable bits in the PWME register, when set to 1, enable the corresponding PWM channel and disable the corresponding port P GPIO function.

How it Works

To increase flexibility, the system allows two alignment modes, left-aligned mode, and center aligned mode. It works slightly differently depending on the alignment setting.

OPERATION IN LEFT-ALIGNED MODE

The waveform below shows how the waveform is determined by the register values.

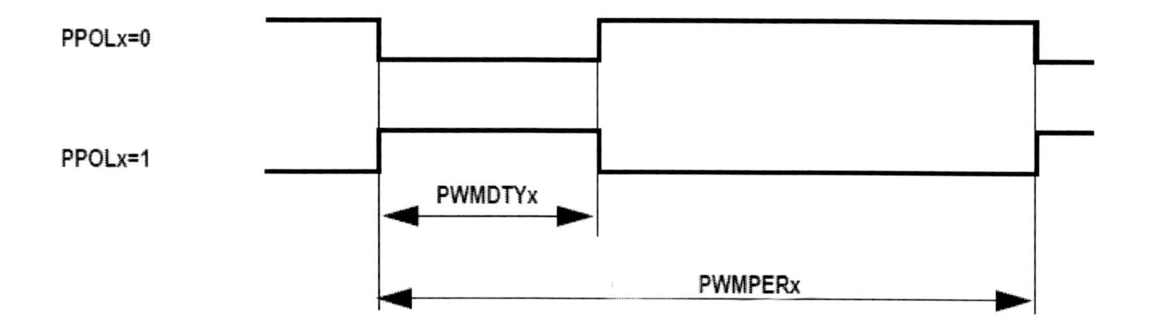

PWM outputs for selected polarities of 0 and 1. Registers indicate what registers determine the drive time and the period. PWMPER should be larger than PWMDTY.

In each of the eight PWM channels, the selected clock drives the channel's 8-bit free-running counter. A channel configured for left alignment works as follows:

1. The program sets up the channel's clock, PWMCAE bit, PWMPOLx, PWMPERx and PWMDTYx registers, and sets the channel's PWMCAE bit to 0 for left alignment.
2. The program sets the channel's counter to zero by writing 0x00 to the channel's PWMCNT register.
3. The program enables the channel by setting the channel's bit in the PWME register.
4. The channel sets its output high or low as specified by the channel's PWMPOL register bit.
5. When the counter reaches the duty count, the channel sets the output to the opposite polarity.
6. When the counter reaches the period count, which should always be larger than the duty count, the channel sets the counter to 0, and goes back to step 4.

In this mode:

PWMx frequency = (channel x clock frequency) / PWMPERx
PWMx period = (channel x clock period) * PWMPERx
PWMx Drive time = (channel x clock period) * PWMDTYx
PWMx duty cycle = (PWMDTYx/PWMPERx) * 100%

OPERATION IN CENTER-ALIGNED MODE

The waveform below shows how the waveform is determined by register values when the PWMPOL bit is 0 and when it is 1.

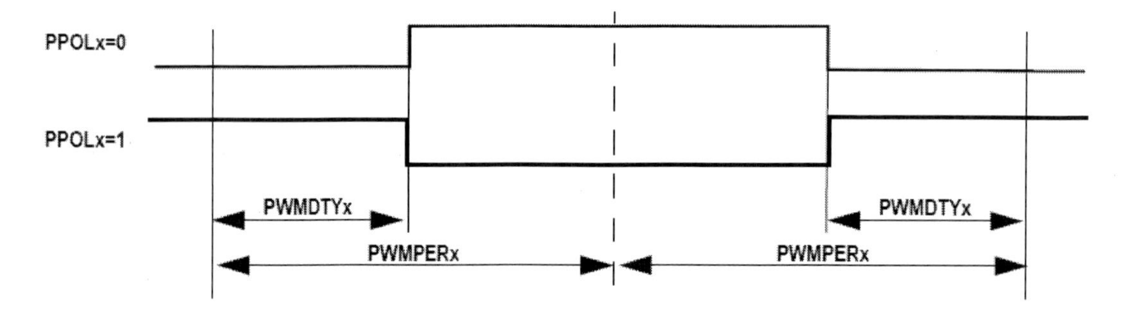

PWM outputs for selected polarities of 0 and 1. Registers indicate what registers determine the times. PWMPER should be larger than PWMDTY.

In center-aligned mode, the counter becomes an up/down counter. A channel configured for center-aligned mode operates as follows:

1. The program sets up the channel's clock, PWMCAE bit, PWMPOLx, PWMPERx and PWMDTYx registers, and sets the channel's PWMCAE bit to 1 for center alignment.
2. The program sets the channel's counter to zero by writing 0 to the channel's PWMCNT register.
3. The program enables the channel by setting the channel's bit in the PWME register.
4. The channel sets its output to the polarity specified by the channel's polarity register bit.
5. The channel waits for the counter to reach the duty count and then sets the output to the opposite polarity.
6. The channel waits for the counter to reach the selected period count, and changes from an up-counter to a down-counter, but does not change the output.
7. When the counter value reaches the PWMDTY value, it changes the output back to the specified output polarity.
8. When the counter reaches 0, it changes back to an up-counter, but does not change the output, and goes back to step 5.

In this mode:

PWMx frequency = (channel x clock frequency) / (2 * PWMPERx)
PWMx period = 2 * (channel x clock period) * PWMPERx
PWMx drive time = 2 * (channel x clock period) * PWMDTYx
PWMx duty cycle = (PWMDTYx/PWMPERx) * 100%

```
// Set up Port P Bit 1 as a PWM output with a 98 Hz frequency on the
// PortP Bit 1 output.  Assume a 20MHz Bus Clock
/////////////////////////////////////////////////////////////////////////////
void SetUpPortPBitOnePWM()
{
      // Divide 20Mhz by 2^7, i.e. 128, by setting bits 2-0 to 111,
      // giving a Clock A of 156.250 KHz
      /////////////////////////////////////////////////////////////////
      PWMPRCLK |= 0x7;  // Set PCKA2:PCKA0 to 7

      // Divide Clock A by 2*4, i.e. 8, giving a clock SA of 19.531 KHz
      //////////////////////////////////////////////////////////////////////
      PWMSCLA = 0x04;

      // Select Clock SA as the source clock by setting the PWMCLK
      // multiplexer bit 1 to 1
      ///////////////////////////////////////////////////////////
      SetBit(1,PWMCLK);

      // Set PWMPOL bit 1 to 1 so output is high during the drive time
      //////////////////////////////////////////////////////////////////
      SetBit(1,PWMPOL);

      // Left Align the pulse by setting bit 1 to 0
      ////////////////////////////////////////////////
      ClearBit(1,PWMCAE);

      // Set PWMCTL for normal 8-bit channels and no stop during wait,
      // but stop in freeze (pause)
      /////////////////////////////////////////////////////////////////
      PWMCTL = bit(2); // Note this is different than SetBit(2,PWMCTL)

      // Set the period to 200 Clock SA cycles giving a frequency of,
      // 97.655 Hz, a period of 10.2 mSec and the high time to 128
      // Clock SA cycles, 6.55 mSec.
      /////////////////////////////////////////////////////////////////
      PWMPER1 = 200;
      PWMDTY1 = 128;

      // Clear the PWMCNT1 so PWM will start at the beginning of a cycle,
      // then enable the channel
      //////////////////////////////////////////////////////////////////
       PWMCNT1 = 0;
       SetBit(1,PWME);
}  // End of SetUpPortPBitOnePWM
```

COMBINING CHANNELS AND SETTING FREEZE AND WAIT ACTIONS

The PWMCTL register sets special functions, allowing channel pairs to be concatenated to create 16-bit counters. If channels 6 and 7 are concatenated by setting bit 7, CCT67, to a 1, the channel 6 values for PWMCNT, PWMDTY, etc, are used as the high byte and channel 7 data is used for the low byte of the resulting 16-bit values for the concatenated channel. All other options, output pin, clock source, etc. use the channel 7 values. Other concatenations work analogously.

7	6	5	4	3	2	1	0
CCT67	CCT45	CCT23	CCT01	STPWT	STPFRZ	0	0

The PWMCTL Register allows the programmer to combine pairs of channel registers to combine channels 6&7, 4&5, etc. to create 16-bit channel registers.

Setting the STPFRZ bit to a one causes the PWMs to stop in Wait Mode. Setting the STPWT bit to a one causes it to stop in Freeze Mode.

CHAPTER 13: THE TIMER SYSTEM

Normal computations, such as those required in word processors or spreadsheets operate as fast as the computer will allow without any knowledge of actual time. However, systems that involve real-world interaction generally need to know when events happen or how long they take, or must force events to happen in a specific amount of time. To facilitate this, the 68HCS12 contains an advanced timing system.

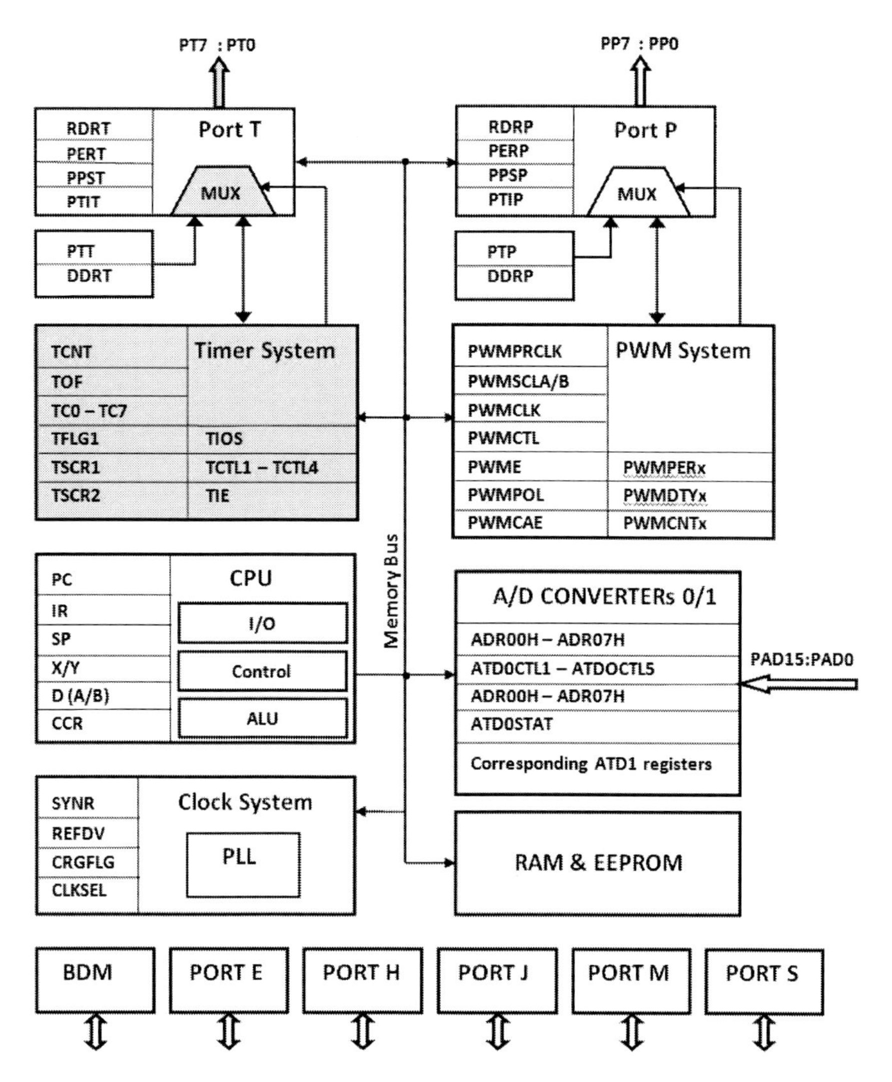

The 68HCS12 timer system allows the programmer to time events.

In particular, the timing system allows the programmer to create programs that:

- Wait an accurately measured time interval
- Automatically change an output after a specified time interval
- Automatically detect the time at which an input changes value
- Accurately determine the time between edges of an input signal
- Multi-task by doing a main task unless interrupted by a timer-related event

In this chapter, I will describe the timer system by giving an overview of the system, then describing how to do basic interval timing, how to automatically change outputs using the timer, and how to use input capture to detect events. This chapter will also describe how to use the timer's interrupt capability.

The timing system consists of:

- Eight channels, 0 thru 7, each associated with the corresponding bit of Port T.
- A Clock Scaler to generate a scaled clock from the 68HCS12 bus clock
- A Free-Running 16-bit counter, TCNT, that counts scaled clock pulses
- A set of 16-bit capture registers, TC0 – TC7 that hold results or compare values
- A set of configuration registers to configure and control the system

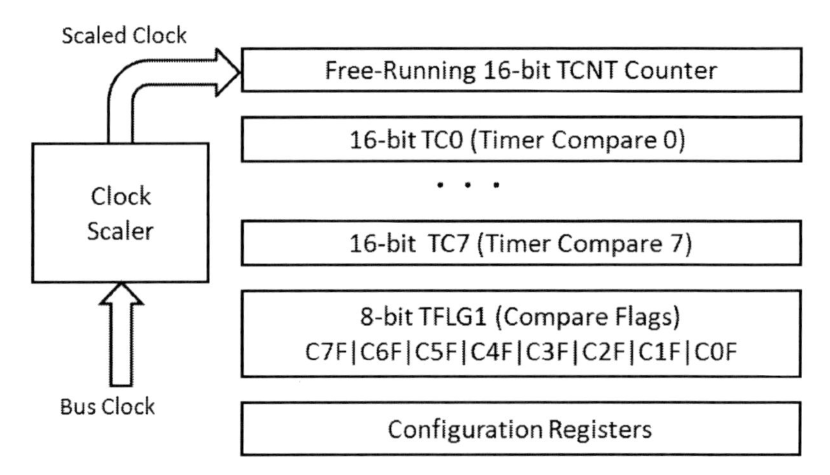

The timer system consists of a configurable scaler, a free-running counter, 8 compare or result registers, a flag register, and some configuration registers.

NOTE: Each of the channels, channels 0 thru 7, is associated with the corresponding bit of Port T. If that bit is used for a timer function, it is not available for a GPIO.

Configuring and Scaling the Timer Clock

The scaled clock is shared by all 8 port T pins using the timer system. The clock is enabled, configured, and scaled by the TSCR1 and TSCR2 registers as described below.

ENABLING THE CLOCKS

To conserve power, the timer system is by default disabled. Accordingly, the most important function of the TSCR1, timer system control register 1, is the TEN bit which enables the timer.

NOTE: TSCR1 was called TSCR in earlier documentation. Some software may use TSCR.

7	6	5	4	3	2	1	0
TEN	TSWAI	TSFRZ	TFFCA	0	0	0	0

The TSCR1 Register is primarily used to enable and disable the timer

The bits function as follows:

- TEN 1 => Timer Enabled
- TSWAI 1 => Stop timer when the processor is in wait mode
- TSFRZ 1 => Stop timer when the processor is in freeze mode
- TFFC! 1 => Timer auto-clear under appropriate conditions

TSCR1 = 0x80 is the normal assignment for TSCR1.

SCALING THE CLOCKS

The TSCR2, timer system control register 2 also affects all channels. I is used to set the pre-scale divisor to create the scaled clock.

NOTE: TSCR2 was called TMSK2 in earlier documentation. Some software may require TMSK2.

7	6	5	4	3	2	1	0
TOI	0	0	0	TCRE	PR2	PR1	PR0

The TSCR2 PR2:PR0 bits are used to set the pre-scale clock frequency.

The bits of the TSCR2 register are as follows:

- TOI   1 => Enable timer interrupts, to be discussed later
- TCRE   1 => Allow reset by output channel 7, a very specialized function
- PR2:PR0 set a binary number 0 thru 7 which determines the pre-scale divisor as in the following table

PR2	PR1	PR0	Divisor
0	0	0	1
0	0	1	2
0	1	0	4
0	1	1	8
1	0	0	16
1	0	1	32
1	1	0	64
1	1	1	128

PR2:PR0 Values determine the clock divisor values in column 4.

For example, if the bus clock is 20 MHz, TSCR2 = 0x01 will divide by 2, giving a 10 MHz timer clock.

When setting the scaled clock frequency, it is best to set a global variable such as **timerClockFrequencyKHz**, the scaled clock frequency in KHz. Various timer functions can then use this variable in their timing equations so that the timer clock frequency can be modified, if needed, without requiring the programmer to locate and modify all code that uses the timer.

Basic Interval Timing using Output Compare

The timer can be thought of as having 8 separate channels, each of which can be configured for input capture or output compare.

The easiest way to understand the timer system is to first understand how it can be used to do basic interval timing as described in this section.

When the timer system is enabled, TCNT counts cycles of the scaled clock. The counter counts continuously from 0x00 through 0xFF, then goes back to 0x00 and starts over.

To use a channel for basic interval timing, you would perform the following sequence of operations:

1. Set the appropriate configuration bits to configure the channel for output compare.
2. Determine the number of counts of TCNT required to give the desired time interval.
3. Set the appropriate TCx register to the current value of TCNT + the required number of counts.
4. Clear the compare flag for that channel.

5. Wait for the appropriate flag to be set when TCNT equals the value you put in the TCx register.

CONFIGURING A CHANNEL FOR OUTPUT COMPARE

TIOS, the timer input/output select register, defines for each channel whether to use it for input capture or output compare where:

1 => output compare
0 => input capture

7	6	5	4	3	2	1	0
IOS7	IOS6	IOS5	IOS4	IOS3	IOS2	IOS1	IOS0

The TIOS Register. Note that input capture setting is only relevant if the corresponding TCTL3 or TCTL4 bits are properly set.

For example, to configure channel 0 for output compare, set bit 0 to 1 with a bitwise or, i.e.:

```
SetBit(0,TIOS);
```

DETERMINING NUMBER OF COUNTS REQUIRED

The number of counts required to time an interval is calculated as in the C code below.

```
unsigned int countsRequired;
countsRequired = timerClockFrequencyKHz * timeRequiredMSec;
```

The equation works because timerClockFrequencyKHz is in KHz, where KHz = cycles/millisecond, and timeRequiredMSec is in milliseconds. The product is in cycles, which is the same as counts.

However, since TCNT and the compare registers are only 16 bits, the largest number they can hold is 0xFFFF, or 65535. If the number of counts required can be greater than 65535, then the TCNT will make one full loop plus some number of counts.

For example, if counts required is 65540, the counter will make one complete cycle, using 65536 counts, plus another 4 counts to reach a total of 65540. Note that 4 is 65540 % 65536.

If it is possible for countsRequired to exceed 65535, the easiest solution is to compute two variables as shown below. Note that matchesRequired will be truncated to an integer.

```
unsigned int countsRequired;         // total counts required
unsigned short matchesRequired;      // number of matches that will occur
countsRequired = timerClockFrequencyKHz * timeRequireMSec;
matchesRequired = (countsRequired/65536) + 1;
```

As a challenge, convince yourself that the previous equations are correct!

SETTING THE TIMER COMPARE REGISTER

The count compare registers are TC0 through TC7. For example:

```
TC0 = TCNT + countsRequired;
```

will set the compare register for channel 0 to countsRequired % 65536.

CLEARING THE COMPARE FLAG

As previously discussed, flags are normally set by the hardware and cleared by the program writing a one to flag's bit position. The TLFG1 register contains a flag bit for each of the 8 timer channels.

7	6	5	4	3	2	1	0
C7F	C6F	C5F	C4F	C3F	C2F	C1F	C0F

The TFLG1 Register

For example, the assignment

```
ClearFlag(6,TFLG1);
```

would clear the compare flag for timer channel 6.

WAITING FOR THE FLAG TO BE SET

A program can wait for the flag to be set using the loop in the code below to wait for the channel 6 flag.

```
while(! FlagIsSet(6,TFLG1));
```

Waiting with a loop as above is frequently called **busy waiting** because it keeps the processor occupied until the flag changes. Later in this book I will show how the task can also be accomplished using interrupt.

Useful Timer Functions

This section gives examples of the needed to configure the timer, the function TimerWaitOneMillisecond to busy wait one millisecond, and a more general function, MSTimerWait, to wait a specified number of milliseconds.

TIMER.H

Timer.h provides prototypes for the timer functions.

```
// Timer.h
// Author:  Harlan Talley (HAT Technologies)
// Date:  10/26/2012
/////////////////////////////////////////////

#ifndef _TIMER_DEF_H
#define _TIMER_DEF_H

void InitializeTimer();
void TimerWaitOneMillisecond();
void MSTimerWait(unsigned short noOfMilliseconds);

#endif // _TIMER_DEF_H
```

TIMER.C

Timer.c contains code for the timers

```
// Timer.c
// Author:  Harlan Talley (HAT Technologies)
// Date:  10/31/2012
// NOTE: copied from textbook
/////////////////////////////////////////////

// #includes
///////////////
#include "ports_D256.h"
#include "BitMacros.h"

#define TSCR1 TSCR         // correct names to match Axiom ports_D256.h
#define TSCR2 TMSK2        // correct names to match Axiom ports_D256.h

// Variables global to Timer.c
// timerClockFrequencyKHz is set by InitializeTimer()
/////////////////////////////////////////////////////
unsigned short timerClockFrequencyKHz;  // timer clock frequency in KHz
```

```
// InitizeTimer initializes the timer and sets timerClockFrequencyKHz
////////////////////////////////////////////////////////////////////
void InitializeTimer() {
// Enable the timer and set the pre-scaler
        // assuming a 20 MHz bus clock
        ///////////////////////////////////////////
        TSCR1 = 0x80;  // enable the timer
        TSCR2 = 0x06;  // Set pre-scaler to divide by 64
        timerClockFrequencyKHz = 312; // 312 KHz timer clock
}

// TimerWaitOneMillisecond() will wait one millisecond using
// timer channel 0.  It assumes no TCNT loops will occur.
///////////////////////////////////////////////////////////////
void TimerWaitOneMillisecond()
{
        unsigned int countsRequired;      // total counts required

       // Calculate the number of counts required. Since
       // countsRequired = timerClockFrequencyKHz * timeRequiredMSec
       // since timeRequiredMSec = 1, countsRequired = timerCLockFrequencyKHz
       ///////////////////////////////////////////////////////////////////
        countsRequired = timerClockFrequencyKHz;

        // Set channel 0 as output Compare, initialize TC0, clear the flag.
        /////////////////////////////////////////////////////////////////
        SetBit(0,TIOS);  // Set TC0 as output compare
        TC0 = TCNT + countsRequired;  // Initialize the compare register
        ClearFlag(0,TFLG1); // Clear the TF0 compare flag

        // Wait for a TCNT match
        ///////////////////////////////////
        while(! FlagIsSet(0,TFLG1));

}  // end of TimerWaitOneMillisecond
```

```
// MSTimerWait(unsigned short noOfMilliseconds) will wait the
// specified number of milliseconds using timer channel 0.
/////////////////////////////////////////////////////////////////////
void MSTimerWait(unsigned short noOfMilliseconds)
{
        unsigned int countsRequired; // counts required may be very large
        unsigned short matchesRequired;  // loops required

        // Calculate the number of counts and matches required
        ///////////////////////////////////////////////////////
        countsRequired = timerClockFrequencyKHz * noOfMilliseconds;
        matchesRequired = countsRequired/65536 + 1; // need at least one match
        if(countsRequired%65536 == 0) matchesRequired--;  // A special case

        // Set channel 0 for output compare, initialize TC0, clear the flag
        //////////////////////////////////////////////////////////////////
        SetBit(0,TIOS);  // Set TC0 as output compare
        TC0 = TCNT + countsRequired;   // Initialize TC0

        // Wait for a matchesRequired matches
        ////////////////////////////////////////////
        while(matchesRequired > 0) {
                ClearFlag(0,TFLG1); // Clear the CF0 compare flag
                while(! FlagIsSet(0,TFLG1));  // wait for the TCNT match
                matchesRequired --;
        } // end of while(matchesRequired > 0)
}  // end of MSTimerWait
```

INITIALIZEHARDWARE

Given the above, InitializeHardware would look like the function below where the dots indicate any other initialize functions. It assumes #include Timer.h in the front of the file.

```
// Initialize the PLL, timer, and other hardware
//////////////////////////////////////////////////
void InitializeHardware()
{
       asm("sei");  // disable interrupts
       InitPLL();   // Set up the PLL
       InitializeTimer();
       . . .
       asm("cli");  // enable interrupts
}  // end of InitializeHardware
```

How MSTimerWait Works

The code for MSTimerWait is somewhat subtle to understand. Examine the following three examples very closely to understand how the code works.

CASE 1

Assume:

noOfMilliseconds = 5
TCNT = 200 when MSTimerWait is called
timerClockFrequencyKHz = 312 KHz

Then:

countsRequired = 312 * 5 = 1560
matchesRequired = 1
TC0 will be set to 200 + 1560 which equals 1760

Therefore the TCNT will count from 200 to 1760, a total of 1560 counts, and set the flag. Since matchesRequired is 1, it will be decremented to 0, and MSTimerWait will then exit after 1560 counts.

CASE 2

Assume:

noOfMilliseconds = 5
TCNT = 65500 when MSTimerWait is called
timerClockFrequencyKHz = 312 KHz

Then:

countsRequired = 312 * 5 = 1560
matchesRequired = 1
TC0 will be set to (65500 + 1560) % 65536 = 67060 % 65536 = 1524

The mod operation occurs when setting TC0 because TC0 only has 16 bits and 67060 is greater than 2^{16}, 65536, and the upper bits are ignored when TC0 is set. **Prove the above to yourself by converting everything to hexadecimal!**

Therefore:

1. TCNT will start at 65500 count to 65535, 0xFFFF, for 35 counts
2. TCNT will then wrap around to 0 giving 1 count

3. TCNT will then count from 0 to 1524 giving 1524 counts for a total of 35 + 1 +1524 = 1560 counts
4. The hardware will set the flag
5. The code will decrement matchesRequired to 0
6. The code will exit MSTimerWait

CASE 3

Assume:

noOfMilliseconds = 300
TCNT = 200 when MSTimerWait is called
timerClockFrequencyKHz = 312 KHz

Then:

countsRequired = 312 * 300 = 93600
matchesRequired = 93600/65536 + 1 = 2
TC0 will be set to (200 + 93600)% 65536 = 28264

Therefore:

1. TCNT will start at 200 and advance to 28264 for 28064 counts
2. The hardware will set the flag
3. The code will clear the flag and decrement loopsRequired to 1
4. TCNT will count on to 65535 for another 37271 counts
5. TCNT will advance to 0 for 1 more count
6. TCNT will count one to 28264 for another 28264 counts
7. The hardware will set the flag
8. The code will clear the flag and decrement loopsRequired to 0
9. The code will exit after a total of 28064 + 37271 + 1 + 28264 = 93600 counts

Automatically Changing an Output Using Output Compare

The wait functions just described could be used to change any output that's set up as a general-purpose output port. This is generally the simplest way to do this function.

However, the timer can also be used to automatically change any pin configured as an output. This automatic changing will give slightly more accurate timing than using busy waiting to change. As shown later, this output compare capability could also be used in combination with interrupt to allow other tasks to be done while the hardware is waiting to change the output.

CHOOSING THE ACTION TO OCCUR ON TIMER MATCH

The TCTL1 and TCTL2 time control registers define what action, if any, is to happen on an output when a timer match occurs. Since the configuration requires two bits per channel, TCTL1 configures PT7 thru PT4, and TCTL2 configures PT3 through PT0 as shown in the table below.

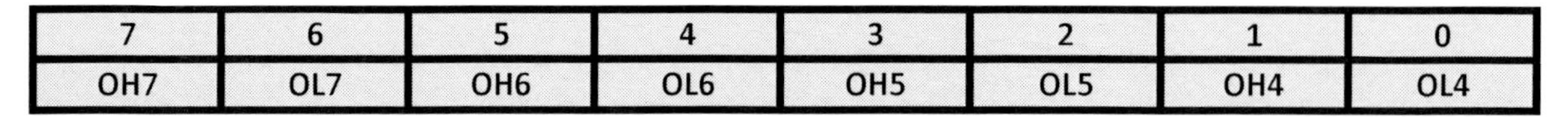

7	6	5	4	3	2	1	0
OH7	OL7	OH6	OL6	OH5	OL5	OH4	OL4

The TCTL1 Register

7	6	5	4	3	2	1	0
OH3	OL3	OH2	OL2	OH1	OL1	OH`	OL0

The TCTL2 Register

The TCTL1 and TCTL2 bits work as in table below:

OHx	OLx	Result
0	0	Timer disconnected from output pin (default)
0	1	Toggle the pin on match
1	0	Make the output pin low, 0 on match
1	1	Make the output pin high, 1 on match

OHx and OLx Bit Functions. Enabling an action on a channel makes that port T bit no longer available for general purpose I/O.

PORT T AUTOMATIC TOGGLE EXAMPLE

The following code would automatically toggle port T, bit 4 using the timer at frequency of 2* pt4FrequencyHz creating a square wave with a frequency of pt4FrequencyHz. As before, it assumes the timer clock has been configured and timerClockFrequencyKHz has been set in InitializeHardware. This code still requires busy waiting, but is somewhat simpler and more important, more accurate, than using the timer and manually changing the output.

```
void TogglePT4(unsigned short pt4FrequencyHz, unsigned short noOfToggles){

        short pt4ToggleCounts;   // required counts for specified frequency
        pt4ToggleCounts = (timerClockFrequencyKHz * 500)/pt4FrequencyHz;

        // Set TC4 as output compare
        ///////////////////////////////////////////////////////
        SetBit(4,TIOS);   // Set TC4 as output compare
```

```
        // Set OH4 and OL4, TCTL1 bits 1 and 0 respectively, to 01,
        // i.e. toggle PTR on a match
        //////////////////////////////////////////////////////////////
        TCTL1 &= 0xFC;    // zero-out bits 0 and 1
        TCTL1 |= 0x01;    // set bit 0 to 1

        // Initialize TC4 and clear the flag
        ////////////////////////////////////////////
        TC4 = TCNT + pt4ToggleCounts;     // Initialize TC4
        ClearFlag(4,TFLG1); // Clear the flag

        // Toggle PT4 the specified number of counts
        ////////////////////////////////////////////
        while(noOfToggles > 0) {
               while(! FlagIsSet(4,TFLG1));  // wait for TCNT match
               ClearFlag(4,TFLG1); // clear the flag
               TC4 += pt4ToggleCounts;     // set TC4 for next match
        }
        TCTL1 &= 0xFC;   // Disable toggling
}
```

Note that I set TC4 to TCNT + pt4ToggleCounts the first time and to TC4 + pt4ToggleCounts afterwards. This makes the timing slightly more accurate. Why? Verify the equation for ptr4ToggleCounts.

Using the Timer System for Input Capture

The timer system can also be used to detect a specified edge on any of the port T inputs or to accurately determine the time between edges. It can be used in a simple busy-waiting mode as we did for output compare, or it can be used in connection with interrupt as will be discussed in detail later.

SETTING UP INPUT CAPTURE EDGE DETECTION

Setting up for input capture is much like that for output compare as follows:

- If not already set, set the TSCR1 and TSCR2 system registers as described earlier.
- Set timerClockFrequenchKHz (assuming you are using that variable as suggested)
- Specify the desired port T bit as an input by clearing the channel's bit in the TIOS register
- Depending on the port number, specify the edge(s) to detect using TCTL3 or TCTL4
- Clear the appropriate TFLAG1 bit
- When a match occurs, the TFLAG1 bit is set by the hardware and the value of TCNT when the edge occurred is stored in the corresponding TC register.

The TCTL3 and TCTL4 registers allow a Port T input edge to be detected and the corresponding TFLAG1 bit to be set.

7	6	5	4	3	2	1	0
E7B	E7A	E6B	E6A	E5B	E5A	E4B	E4A

The TCTL3 Register

7	6	5	4	3	2	1	0
E3B	E3A	E2B	E2A	E1B	E1A	E0B	E0A

The TCTL4 Register

The edge to be detected is determined by the channel's ExB and ExA bits as follows:

ExB	ExA	Result
0	0	Capture disabled (default)
0	1	Capture on rising edge
1	0	Capture on falling edge
1	1	Capture on any edge

ExB and ExA Bit Encoding

DETERMINING A SIGNAL'S PERIOD USING INPUT CAPTURE

The period of a repetitive signal such as the square wave below can be determined by using the input capture function to measure the time between two adjacent rising edges.

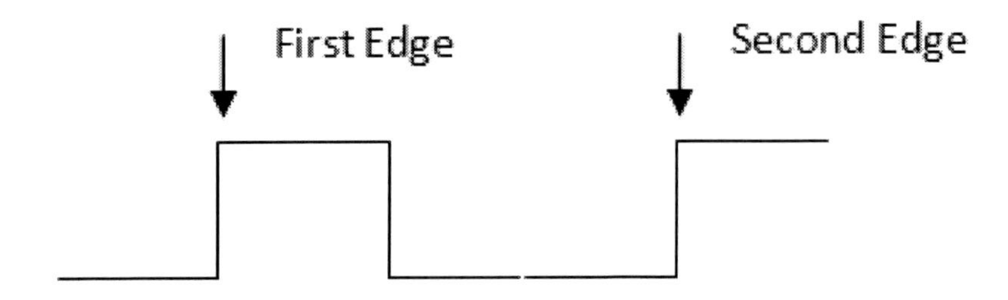

Detect Two Rising Edges to Determine a Signals Period

The following code uses busy waiting, as we did for output compare, to detect two edges and determine the signal's period. The function assumes that the count change is not greater than 0xFFFF, i.e. 65535.

```
// This function will return the period for any repetitive digital signal
// by measuring the time between two adjacent rising signal edges
```

```
// with a resolution of 1000/timerClockFrequencyKHz microseconds.
// It assumes InitializeHardware has set timerClockFrequencyKHz and
// assumes that countChange does not exceed 0xFFFF.
/////////////////////////////////////////////////////////////////////////
unsigned int DeterminePT4Period(){
      unsigned short firstCount;            // TCNT value at first edge
      unsigned short secondCount;           // TCNT value at second edge
      unsigned short countChange;           // delta
      unsigned int periodInMicroseconds;    // The measured period

      // Set Channel 4 for input capture, E4B:E4A to 01 binary to
      // capture a rising edge, and clear the compare flag.
      //////////////////////////////////////////////////////////////
      ClearBit(4,TIOS);   // Set TIOS[4] to 0 for input capture
      ClearBit(1,TCTL3);   // Set E4B to 0
      SetBit(0,TCTL3) ;   // Set E4A to 1
      ClearFlag(4,TFLG1);  // Clear the compare flag by writing 1 to bit 4

      // Wait for the first edge and get firstCount from TC4
      /////////////////////////////////////////////////////////
      while(! FlagIsSet(4,TFLG1));      // wait for the first edge
      firstCount = TC4;                 // get count that was latched into TC4
      ClearFlag(4,TFLG1);               // clear the match flag

      // Wait for the second edge and get the value of TCNT
      // latched into TC4.
      ////////////////////////////////////////////////////
      while(! FlagIsSet(4,TFLG1));      // wait for the second edge
      secondCount = TC4;                // get count latched into TC4 at match

      // Calculate period. Conveniently, since countChange is 16 bits
      // and unsigned, wraparound is automatically accounted for.
      ////////////////////////////////////////////////////////////////////
      countChange = secondCount - firstCount;

      // Calculate periodInMicroseconds
      ////////////////////////////////////
      periodInMicroseconds = (countChange * 1000)/timerClockFrequencyKHz;

      return periodInMicroseconds;
}  // End of DeterminePT4Period()
```

Verify to yourself the equation for periodInMicroseconds!

DETERMINING A SIGNAL'S HIGH TIME USING INPUT CAPTURE

The high time of a repetitive signal such as the square wave below can be determined by using the 68HCS12 input capture function to measure the time between a rising edge and the following falling edge as shown in the figure below.

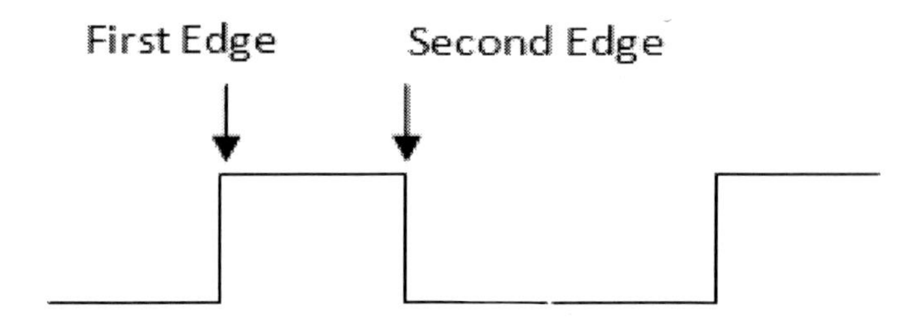

Detecting a rising edge and the following falling edge to determine a signal's high-time

The code for determining high-time would essentially be the same as the code for determining period except that the code for detecting the second edge would need to change the timer channel to detect a falling edge. Write this code as an exercise!

Detecting Timer Counter Overflow

In some situations it may be useful to know when the TCNT register has overflowed, i.e. transitioned from 0xFFFF to 0x0000.

Bit 7 in the TFLG2 register indicates when TCNT has overflow. It is set by the hardware when the counter transitions from 0xFFFF to 0x0000. It can be cleared in a program by writing a 1 to the TOF bit.

Since TCNT is shared, the overflow bit in the TOF register is also shared. Clearing the TOF bit will clear it for all functions using the timer.

7	6	5	4	3	2	1	0
TOF	0	0	0	0	0	0	0

The TFLG2 Register

As you will learn later, TOF can also be used to trigger an interrupt. I will also describe how to use the overflow bit to detect long time periods.

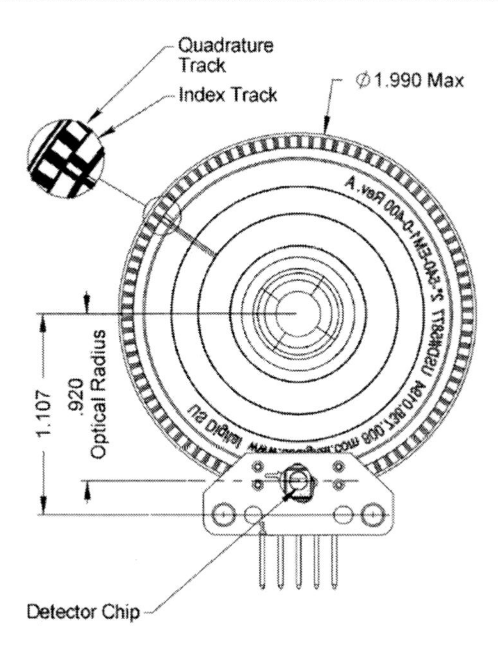

Conceptual drawing of a position encoder using a wheel with alternating clear and opaque areas around the periphery. Drawing from U.S. Digital documentation.

Input capture can be used in connection with a digital position encoder to determine the speed and rotational position of a shaft.

The encoder uses a pair of photo sensors to detect the transitions between the light and dark area such that there are four transitions per dark area. For example, a sensor with 50 dark areas and 50 light areas would have 200 transitions allowing it to detect a rotation of $200/360^{th}$ of a circle, or 0.555 degrees.

The encoder in the illustration above also has an index track. The index is used to mark a reference or start point for measuring position.

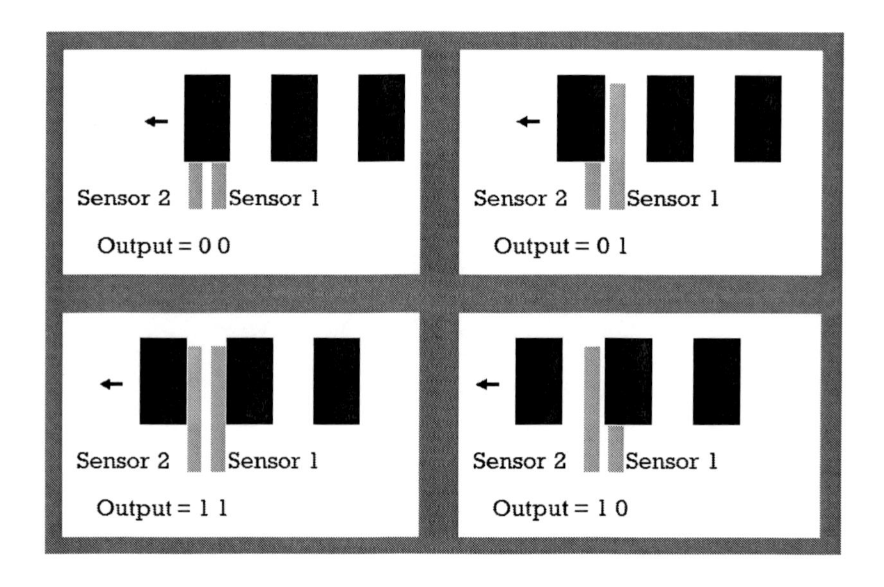

The four drawings above upper left, upper right, lower left, lower right, show the relative location of the photo sensors and their output as the disc rotates from the to the left, i.e. CW, as shown by the arrows, in the picture.

The digital output sequence representing this direction of motion, which I will call clockwise, would be as in the table below. **Note that the detector is on the bottom**.

Sensor 2	Sensor 1
0	0
0	1
1	1
1	0

Encoder Transitions Moving CW. This sequence is referred to as a Gray Code. Note that CW versus CCW depends on which side of the encoder you're viewing from.

The next figure shows the sequence when the disc rotates in the opposite direction, i.e. counterclockwise , and the digital output sequence representing this direction of motion would be as shown in next table.

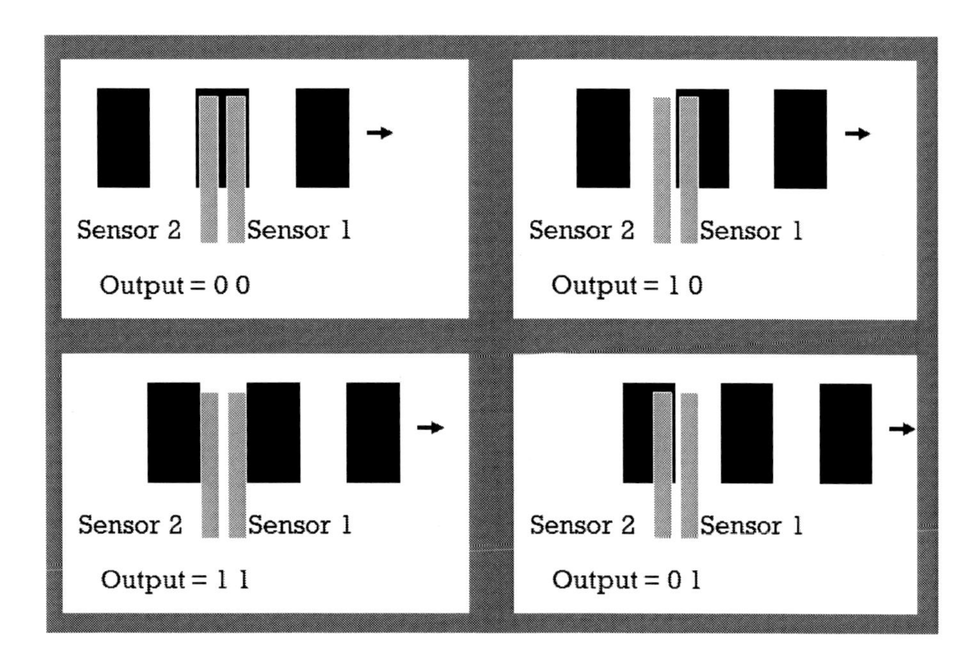

The four drawings above show location of the photo sensors and their output as the disc rotates to the right, i.e. CCW, as shown by the arrows, in the picture.

Sensor 2	Sensor 1
0	0
1	0
1	1
0	1

Encoder Transitions Moving CCW

DETERMINING MOTOR ROTATION DIRECTION

Notice from the above two tables that any transition can be used to determine the direction of rotation. The following code is an example of how you could use the output from the two sensors to determine the direction of rotation.

Note that the output of both sensors must be used. The output of one sensor does not provide sufficient information to determine the direction. Prove this to yourself.

```
// This function checks two sensor inputs and waits for a transition to
// determine the direction of a rotating shaft. It returns 'L', left,
// for clockwise and 'R', right, for counterclockwise rotation as defined
// above.  Assume that sensor 1 is connected to port T, bit 3 and sensor 2 is
// connected to port T bit 4.  Both are set as inputs.
////////////////////////////////////////////////////////////////////////////////
```

```
#define SENSOR_1 3
#define SENSOR_2 4

char GetRotationDirection()
{
	char portT;  // used to latch the current PTT value
	char direction;  // direction returned
	char firstSensorState;  // 0, 1, 2, 3 corresponding to 00, 01, 10, 11
	char secondSensorState;  // same for second state detected

	// get the initial sensor state and set firstSensorState
	/////////////////////////////////////////////////////////
	firstSensorState = 0;
	portT = PTT;  // Save PTT so it can't change during next two lines
	if(BitIsSet(SENSOR_1,PortT)) SetBit(0,firstSensorState);
	if(BitIsSet(SENSOR_2,port)) SetBit(1,firstSensorState);
	secondSensorState = firstSensorState;

	// wait for the state to change, then set secondSensorState
	///////////////////////////////////////////////////////////
	while(secondSensorState == firstSensorState) {
		portT = PTT; // save PTT as above
		secondSensorState = 0;
		if(BitIsSet(SENSOR_1,portT)) SetBit(0,secondSensorState);
		if(BitIsSet(SENSOR_2,portT)) SetBit(1,secondSensorState);
	}

	// concatenate the bits into a single number to determine the direction
	///////////////////////////////////////////////////////////////////////
	switch((firstSensorState << 2) | secondSensorState) {
		case 1:		// 00_01, i.e. 00 -> 01
		case 7:		// 01_11
		case 14:	// 11_10
		case 8:		// 10_00
			direction = 'L';  // clockwise
			break;

		case 2:		// 00_10
		case 11:	// 10_11
		case 13:	// 11_01
		case 6:		// 01_10
			direction = 'R';  // counterclockwise
			break;
		default:
			LCDDisplayLine(3, "Direction Detection Failure\n");
			direction = 'X';   // unknown
			break;
	}  // end of case
	return direction;
}  // end of GetRotationDirection
```

DETERMINING MOTOR POSITION

Determining a motor's rotational position is a matter of knowing the start position, the number of degrees of rotation per encoder edge, and the number of encoder edges that have occurred from the known start position.

The number of degrees of rotation per edge is simply 360 degrees divided by the number of edges per rotation. In general you want to have a reference point at which to start counting. Many encoders supply a pulse that occurs only when the encoder passes a reference location. If the encoder does not include such an output, you must provide another way of determining a reference point.

DETERMINING MOTOR ROTATIONAL VELOCITY

The time between transitions can be used to determine a motor's rotational velocity.

Based on the encoder specifications and your choice above, you could determine the number of encoder transitions per revolution. Using the timer, you could determine the time per transition and thus the number of encoder transitions per minute when the motor is running.

RPM = encoder transitions per minute / encoder transitions per revolution

A transition could be:

- Only the rising (or falling) edge of a single encoder output.
- Any transition of a single encoder output.
- Any transition of either of the two encoder outputs.

CHAPTER 14: USING INTERRUPTS

The CPU in a microcontroller sequentially executes instructions. In many applications, it is necessary to execute sets of instructions in response to various real-time events. These requests are often asynchronous, i.e. not synchronized, with the main program. Interrupts provide a way to temporarily suspend normal execution so the CPU can be freed to service one of these requests.

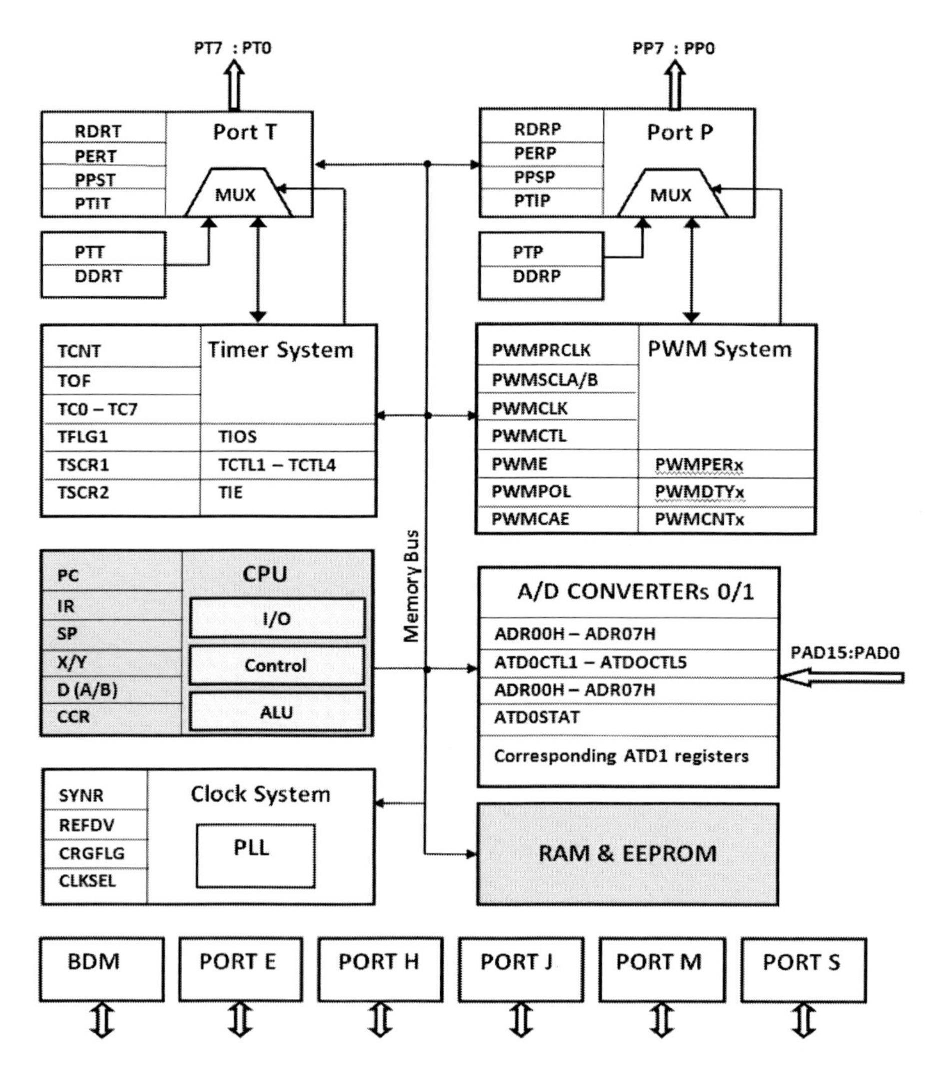

The CPU interrupt capability allows real-time response to asynchronous events.

Interrupts allow a processor to effectively do several things at the same time. This chapter describes how interrupts work and how to use them.

The instructions executed in response to an interrupt are called an **interrupt service routine**. In the 68HCS12, the following events can cause an interrupt:

- A TCNT Overflow
- An output-compare match
- An input-capture match
- An A/D conversion completion
- A Programmed Real-Time Interrupt RTI
- An External IRQ or XIRQ
- A Software Interrupt, SWI

A sequence of events happens as follows when interrupts and that interrupt is enabled:

1. Complete the current machine instruction
2. Store the CPU registers on the stack, an area in memory
3. Determine the highest priority interrupt
4. Disable Interrupts
5. Jump to the service routine pointed to in the interrupt table
6. Execute the interrupt service routine
7. Return from interrupt (RTI)
8. Restore the registers and re-enable interrupts.
9. Continue from where program left off

Writing Interrupt Service Routines

The interrupt service routine, ISR, is called when an interrupt occurs and is enabled. Interrupt service routines are similar to regular functions, but require a specific syntax as shown in the examples below. Like all functions, ISRs must be declared with a prototype, normally placed at the front of the file.

```
void __attribute__((interrupt)) Switch_isr();
void __attribute__((interrupt)) unused_isr(void);
```

Consider an interrupt that would simply set a global variable called switchPushed when a switch connected to port T bit 0 is pushed. The code for the ISR, interrupt service routine, would be as follows:

```
// Switch_isr() is called when a switch interrupt occurs.  It simply
// clears the flag and sets the global variable switchPushed
/////////////////////////////////////////////////////////////////////
void __attribute__((interrupt)) Switch_isr()
{
        ClearFlag(0,TFLG1);   // clear the compare flag
        switchPushed = TRUE;
}

// unused_isr() is just a space filler for unused interrupts
//////////////////////////////////////////////////////////////
void __attribute__((interrupt)) unused_isr(void)
{
     /* do nothing */
}
```

NOTE: Because they interrupt the normal flow of the program, ISRs should be very short so that they run quickly.

Adding Entries to the Interrupt Table

When an interrupt occurs, the processor looks into the **interrupt table**, basically an array in memory, to find the address of the function associated with that interrupt. Therefore, the program must include an interrupt table. If you are using the AxIDE™, you can get a template interrupt table by asking it to create a program with an interrupt.

```
The table below shows only a few entries and replaces the others with dots.
Note the use of the unused_isr function for unused interrupts.
void __attribute__ (( section (".vectors")))
       (* const interrupt_vectors[])(void) =
{
        unused_isr,   // FF80, vector 63, - reserved
          . . .
        unused_isr,   // FFEA, vector 10  - timch2
        unused_isr,   // FFEC, vector 09, - timch1
        Switch_isr,          // FFEE, vector 08, - timch0
        unused_isr,   // FFF0, vector 07, - rti
          . . .
        unused_isr,   // FFFC, vector 01, - clkmon
        _start        // FFFE, vector 00, - reset
};
```

Enabling and Disabling Interrupts

After you have written your interrupt functions and added the appropriate entries to the interrupt table, you must enable the interrupt system and the specific interrupt or interrupts that you are interested in.

ENABLING AND DISABLING THE INTERRUPT SYSTEM

The C instruction **asm("cli")** tells the compiler to insert a cli, enable interrupt, assembly language instruction into the assembly code. The interrupt system is enabled when this line of C code is executed.

The C instruction **asm("sei")** tells the compiler to insert a sei, disable interrupt, instruction into the assembly code. The interrupt system is disabled when this line of C code is executed.

NOTE: All interrupts are ignored if the interrupt system is not enabled.

ENABLING INDIVIDUAL INTERRUPT SOURCES

Interrupts on specific events are enabled and disabled by setting or clearing the bits in the appropriate mask register as described in the sections that follow. These interrupt enable bits are only relevant if the interrupt system is enabled as described in the previous section.

Using Timer Interrupts For Input Capture

When the interrupt system has been enabled, timer interrupts are enabled or disabled by setting or clearing the bits in the TIE, timer interrupt enable, register. Setting any of the timer enable bits enables the interrupt for the corresponding timer channel.

NOTE: The TIE register was called TMSK1 in earlier documentation. Some software may require the older name.

7	6	5	4	3	2	1	0
T7IE	T6IE	T5IE	T4IE	T3IE	T2IE	T1IE	T0IE

The TIE Register enables timer interrupts.

The following example shows an interrupt set up to detect when a switch is closed. In this example, the global variable SwitchPushed will be set by the ISR when the switch is closed. SwitchPushed must be global because it is shared between main and the interrupt service routine.

While this example has little benefit over busy waiting, it provides an example of how interrupt works. Note that, if there was no interrupt service routine, main would simply stay in the while loop forever.

```
// Global variables
//////////////////////
// switchPushed is set by the Switch_isr and detected in main
// volatile tells the compiler that it can change in interrupt
volatile char switchPushed;

// Defines
///////////////
#define FALSE 0
#define TRUE 1

// Function Prototypes
////////////////////////
void InitializeHardware();
extern void _start(void);
void __attribute__((interrupt)) unused_isr(void);
void __attribute__((interrupt)) Switch_isr(); // interrupt service routine

main() {
       . . .
       SetUpSwitchInterrupt();
       switchPushed = FALSE;
       while(! switchPushed);  // wait for switch
       . . .
}

// SetUpSwitchInterrupt() sets up for an interrupt
// when there is a negative-going edge on PT0
/////////////////////////////////////////////////
SetUpSwitchInterrupt() {
       // Set up the Switch Interrupt
       ////////////////////////////////
       ClearBit(0,DDRT);  // make sure port is an input
       ClearBit(0,TIOS);  // bit 0 in input-capture mode
       TSCR1 = 0x80;      // enable the timer

       // set timer to capture falling edge only
       //////////////////////////////////////////
       SetBit(1,TCTL4);
       ClearBit(0,TCTL4);

       // Enable interrupt for Timer channel 0
       ////////////////////////////////////////
       SetBit(0,TIE);
       asm("cli");  // enable interrupts
}
```

```
// Switch_isr() is called to set the global variable switchPushed
// whenever the switch  is closed causing PT0 to receive a falling edge
//////////////////////////////////////////////////////////////////////////
void __attribute__((interrupt)) Switch_isr()
{
      ClearFlag(0,TFLG1);  // clear the compare flag
      switchPushed = TRUE;  // Set switchPushed
}

// unused_isr() is just a space filler for unused interrupts
////////////////////////////////////////////////////////////////////
void __attribute__((interrupt)) unused_isr(void)
{
    /* do nothing */
}
```

```
// The interrupt table, only partially shown here, tells
// the software what function to execute when a particular
// interrupt is enabled and occurs
//////////////////////////////////////////////////////////////////////////////
//
void __attribute__ (( section (".vectors") ))
      (* const interrupt_vectors[])(void) =
{
      unused_isr,   // FF80, vector 63, - reserved
      unused_isr,   // FF82, vector 62, - reserved
        .  .  .
      unused_isr,   // FFEC, vector 09, - timch1
      Switch_isr,    // FFEE, vector 08, - timch0
      unused_isr,   // FFF0, vector 07, - rti
        .  .  .
      unused_isr,   // FFFC, vector 01, - clkmon
      _start        // FFFE, vector 00, - reset
};
```

NOTE: The full code for this program is in appendix C

The Concept of a Volatile Variable

When interrupts are used to change the value of global variables, those variables should be labeled as volatile as in:

```
volatile short switchPushed;
```

The keyword volatile tells the compiler that the variable can be changed on its own as, for example, in an interrupt routine. When a variable is volatile, the compiler creates code that makes the program test the value for change every time it is accessed.

Using Timer Interrupts for Output Compare

The process of using interrupts in combination with output compare is analogous to the process for using them with input capture. However, this functionality is of very limited value since the PWM functions are available and easier to use.

CHAPTER 15: CONTROLLING MOTORS USING THE PWM AND TIMER SYSTEMS

This chapter will describe progressively more sophisticated ways of controlling a motor using a PWM generator and the timer system. The sections can help the reader gain a better understanding of control systems and provide a framework for a series of lab projects.

The control systems described in this chapter contol the speed of a motor which is subjected to varying loads. However, the control mechanisms can be used equally well to control temperature, humidity, pressure, and other physical properties.

The code is intended to demonstrate the concepts and intentionally omits some details to make the concepts more easily understood.

Open-Loop Control

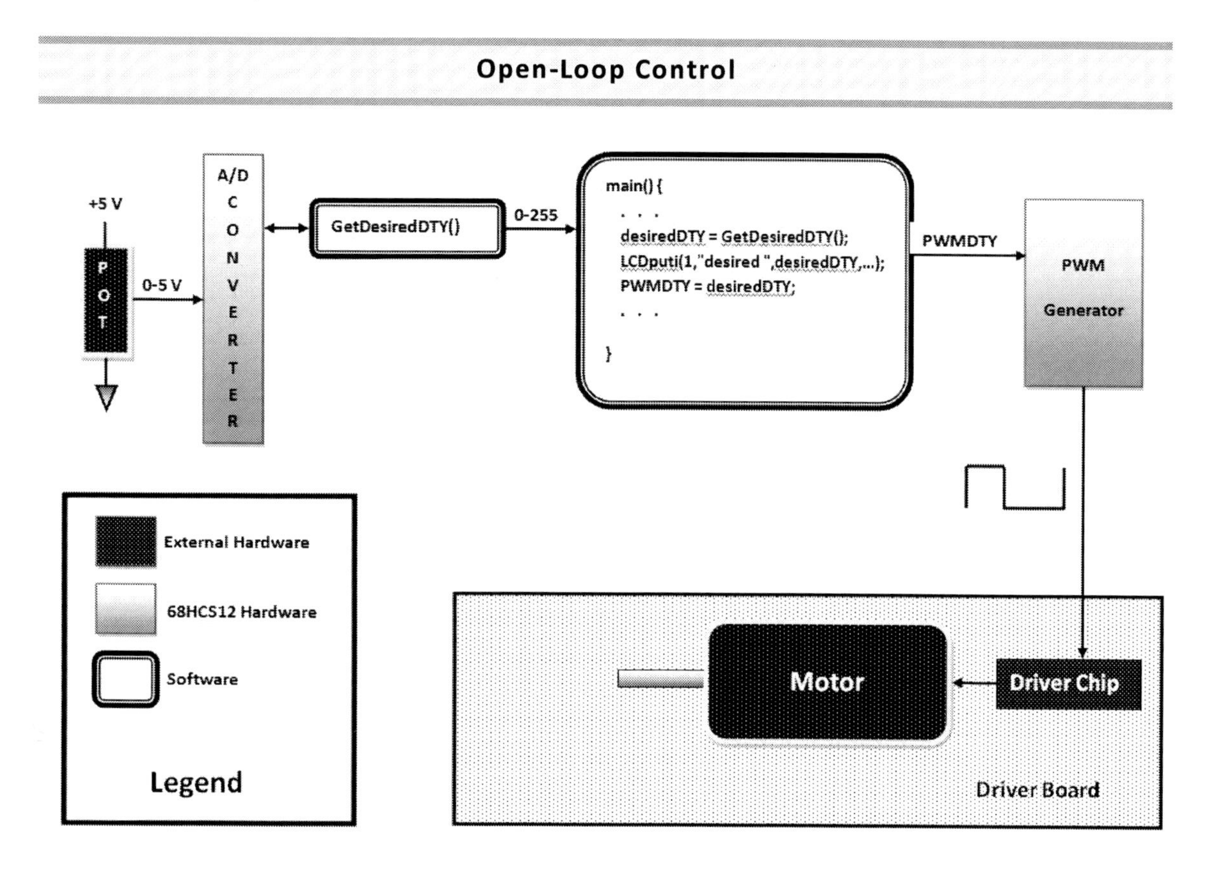

Simple control system where the user simply supplies a PWM duty value 0 – 255.

The simplest control system is open-loop control. In an open-loop control system, the speed is specified by the user, but there is no feedback mechanism to verify the motor is actually running at the desired speed. This is analogous to a driver depressing the gas pedal without looking at the speedometer. Such a system is useful only if the exact speed is not critical to the functionality of the system.

GetSDesiredDTY() could either get a value from an A/D converter measuring a voltage as shown in the diagram, or it could ask the user to enter a value. In either case, the setting is assumed to be a number between 0 and 255.

Open-Loop Control With User Feedback

This example provides the user with a measurement of the motor's speed. In the case of a car, this would be analogous to allowing the user to look at the speedometer. The process would work as follows:

1. The driver presses the gas pedal an initial amount.
2. The speedometer measures the speed.
3. The driver's brain calculates the difference between the current speed and the desired speed, i.e. the speed **error**.
4. Based on that error, he decides how much to change the gas pedal's position.
5. He continuously goes back to step 2 and repeats steps 3 – 5.

NOTE: This case creates a closed-loop system in which the driver's brain closes the loop.

The following sections describe different ways in which speed might be measured to provide speed information to the driver.

USING BUSY WAITING TO MEASURE SPEED

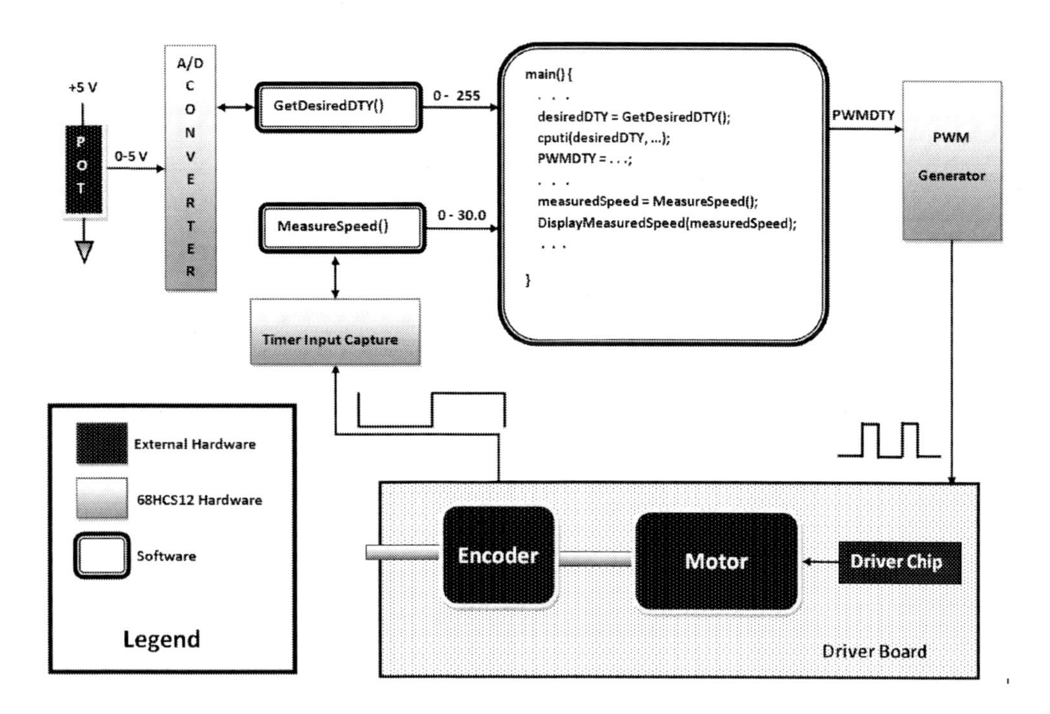

In this system, the program sets PWMDTY as in the previous system. However, it also calls the function MeasureSpeed which uses busy waiting to measure the speed using the encoder as described in chapter 13.

The code for this example would look similar to the first case except it would include code to measure and display the motor's speed using the encoder discussed earlier in this book.

In this case, the function MeasureSpeed() will busy wait for two edges in order to determine the number of timer counts per encoder edge, countsPerEdge. It can then calculate RPM based on the number of encoder edges per revolution, the number of timer counts per encoder edge, and the duration of a timer count. It then returns the measured speed so it can be displayed by main.

As an exercise, determine this equation!

USING INTERRUPT TO MEASURE SPEED

The code that follows uses an interrupt function to update the number of timer counts per edge at every encoder edge. It is a basic rule that the time spent in interrupt should always be minimized. In keeping with this rule, the speed calculation using counts per edge, which is somewhat lengthy, is made in main.

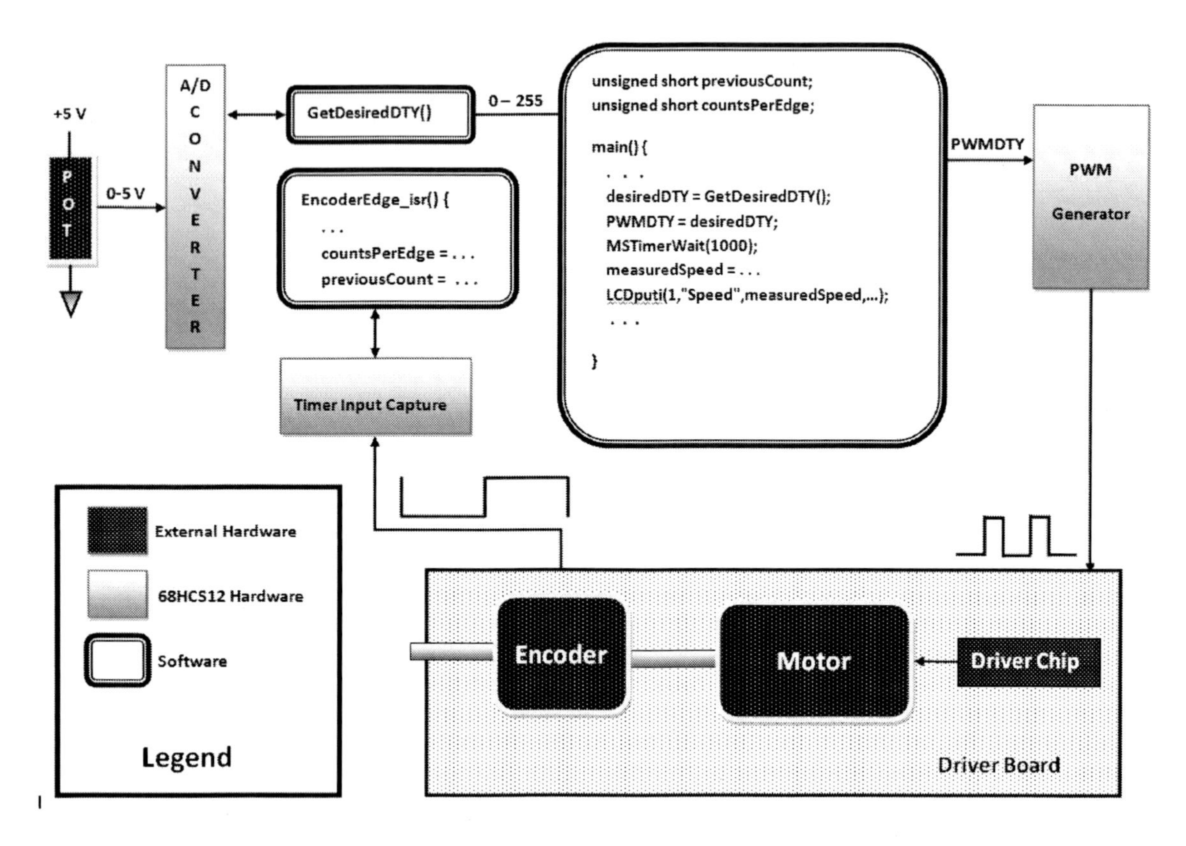

This system also measures and displays the speed, but uses an interrupt function to determine counts per edge.

The code that follows outlines the code required for main the EndcoderEdge_isr. The code requires two global variables, previousCount and countsPerEdge. PreviousCount and countsPerEdge are set by EncoderEdge_isr. CountsPerEdge is used in main to calculate the motor RPM.

```
// Global Variables
//////////////////////
volatile unsigned short previousCount;  // used by ISR
volatile unsigned short countsPerEdge;  // set by ISR, used to calculate speed

// main
//////////////////////
main()
{
	int desiredDTY;
	int measuredSpeed;

	InitializeHardware();
	while(1) {
		desiredDTY = GetDesiredDTY();
```

```
            measuredSpeed = CalculateMeasuredSpeed(countsPerEdge);
            LCDPuti(2, "Speed = ", measuredSpeed, " RPM");
            PWMDTY = desiredDTY;
            MSTimerWait(1000);  // wait 1 second
      }
}
```

```
// Interrupt Service Routine called on each encoder edge
// Only valid if countsPerEdge <= 0xFFFF
/////////////////////////////////////////////////////////////
void __attribute__((interrupt)) EncoderEdge_isr()

      // update tcount values
      ///////////////////////////////////
      countsPerEdge = TC4 - previousCount;
      previousCount = TC4;  // previous for next interrupt

      ClearFlag(0,TFLG1);  // clear the compare flag
}
```

Some key things to note are:

- This code assumes that you're only using a single encoder edge, encoder A, connected to TC4. To connect the second encoder edge, to TC3 for instance, would require a second ISR.

- This example illustrates the usefulness of interrupt . Notice how main can be doing other things, such as interacting with the user or printing output while the interrupt is serviced as needed to update the speed calculation.

- You should always minimize the amount of time spent in an ISR. Notice that in this example I did a minimum amount of calculation in the interrupt function by moving the more complex calculation of measured speed to main. If the time spent in interrupt is long you risk missing another real-time event. Operations such as LCDputi() and floating-point divides are particularly slow and should not be placed in an ISR. The only notable exception is when you **temporarily** put a LCDDisplayLine() or LCDPuti() statement in an interrupt function to verify its functionality.

- An interrupt can occur at any assembly language instruction. That means that if main were to do a calculation that used countsPerEdge twice, it is possible that interrupt might be called in the middle of that function, causing the calculation to use two different values for countsPerEdge. I avoided this by using a function to calculate measuredSpeed. Since C calls CalculateMeasuredSpeed by value, the value of countsPerEdge used by the function is unchanged, even if an interrupt changes it during the computation of measuredSpeed.

Accounting for TCNT Overflow

Note that the ISR in the previous section only gives a valid reading of countsPerEdge if the total is <= 0xFFFF. If the speed is very slow, requiring multiple overflows, the interrupt functions would account for the number of overflows by using the number of overflows to create a 32-bit counts per edge result as in the following example:

```
// Global Variables
/////////////////////////////
volatile unsigned int previousCount;
volatile unsigned int countsPerEdge;   // set by interrupt
volatile unsigned short tCountOverflowCount;   // number of TCNT overflows
. . .
```

```
// Interrupt Service Routine called on each encoder edge which
// includes TCNT overflows.  Assumes Encoder A connected to TC4
//////////////////////////////////////////////////////////////////////////////
void __attribute__((interrupt)) EncoderEdge_isr()
{
       // Check for an overflow not yet counted
       // because the TC4 interrupt has a higher priority
       //////////////////////////////////////////////////////////////////////////////
       if(FlagIsSet(7,TFLG2)) tCountOverflowCount++;

       // Calculate countsPerEdge
       //////////////////////////////////////////////////////////////////////////////
       countsPerEdge = (tCountOverflowCount << 16) + TC4 - previousCount;

       // Initialize to prepare for the next interrupt
       ///////////////////////////////////////////////////
       previousCount = TC4;          // previous for next interrupt
       tCountOverflowCount = 0;      // reset overflow count
       ClearFlag(7,TFLG2);           // clear overflow flag
}
```

```
// Interrupt Service Routine called on each TCNT overflow
// to update tCountOverflowCount
//////////////////////////////////////////////////////////
void __attribute__((interrupt)) TCountOverflow_isr()
       tCountOverflowCount++;        // increment tCountOverflowCount
       ClearFlag(7,TFLG2);           // clear the overflow flag
}
```

Note the following:

- CountsPerEdge must now be an int to allow for numbers larger than 0xFFFF.
- As before, it would require an additional ISR for encoder B if edges on both decoders are to be used. Because of the nature of the edges, the program would normally alternate between the two encoder interrupts but effectively share the TCNT.

It is left as an exercise to the student to understand how this function works.

A Simple Linear Controller

The previous examples required the user to close the feedback loop and adjust the PWM to the value. This controller and ones that follow automatically adjust the PWM duty cycle and so are analogous to engaging the Cruise Control in your car.

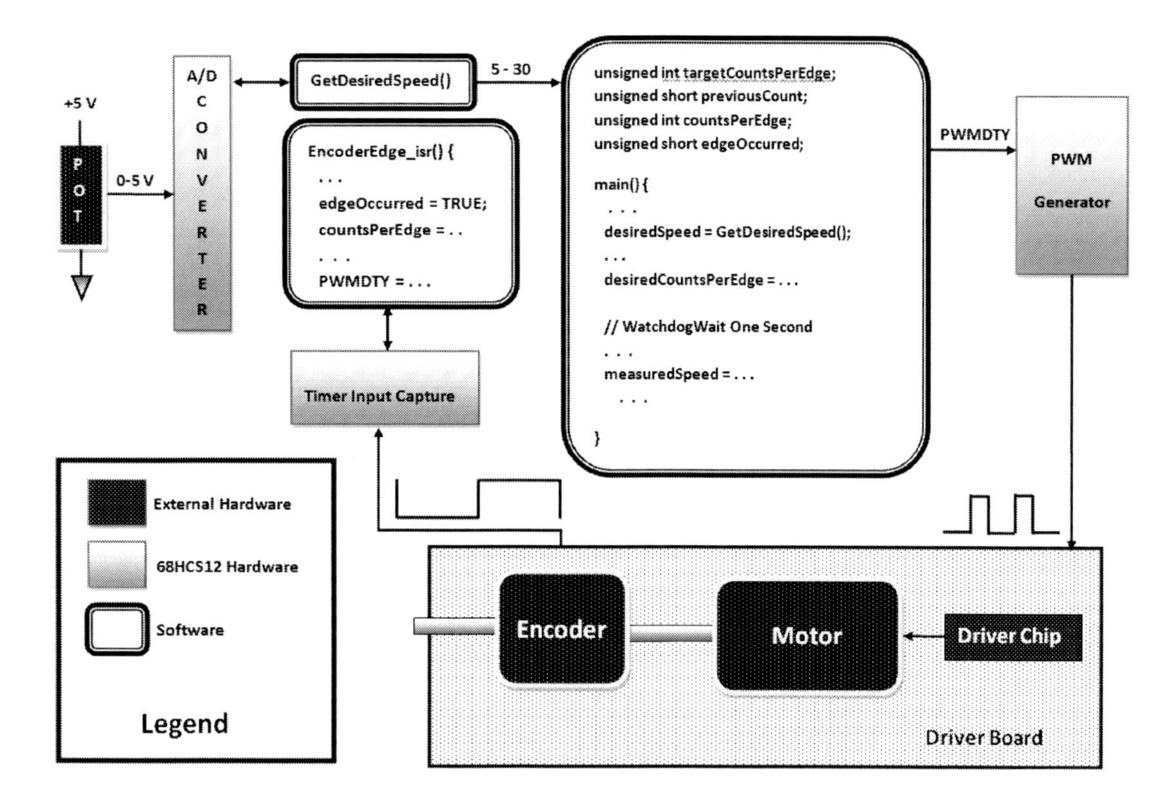

This diagram outlines a controller which, analogous to a cruise control, adjusts the PWMDTY to attempt to automatically maintain a desired speed. Such a controller can use a variety of different algorithms to accomplish that goal.

The process will be essentially the same as in case 2 except that the driver's brain has been replaced with code in the microcontroller.

The algorithm used by the computer can have varying degrees of complexity. I will refer to the algorithm described in this section as a **simple linear controller**. The algorithms in the following sections will be a proportional controller, a PD controller, and a PID controller.

In this simple control algorithm, the controller will simply note if the speed is faster or slower than desired and increase or decrease the gas pedal position by a small amount until the desired speed is reached.

In the code below, I assume interrupts occur on the edges of a single encoder. The code does not account for timer overflow. The somewhat-simplified code for main and the interrupt function would be as follows.

```
// Global Variables
/////////////////////////////////////
volatile unsigned short targetCountsPerEdge;  // tcounts for target speed
volatile unsigned short countsPerEdge; // actual counts per edge as set by ISR
volatileunsigned short previousCount;    // used by ISR
volatile unsigned char edgeOccured;  // BOOLEAN set when interrupt occurs

// main
/////////////////////
main()
{
        int measuredSpeed, desiredSpeed;   // measured and desired speed
        int targetCountsPerEdge;

        InitializeHardware();
        edgeOccurred = FALSE;

        while(1) {
                desiredSpeed = GetDesiredSpeed(); // get speed from user
                LCDPuti(2, "DesiredSpeed = ", desiredSpeed, " RPM";
                targetCountsPerEdge = . . .;
                measuredSpeed = . . .
                if(edgeOccurred)
                        LCDPuti(1, "Speed = ", measuredSpeed, " RPM");

                // To perform a watch-dog timer function, increment PWMDTY
                // if no interrupt occurs because the motor isn't rotating.
                ////////////////////////////////////////////////////////////
                edgeOccurred = FALSE;
                MSTimerWait(1000);  // wait 1 second
                if(desiredSpeed != 0) && (edgeOccurred == FALSE))PWMDTY += 10;
        }
}
```

```
// This ISR, called on each encoder edge
// updates counts per edge and adjusts PWM value
/////////////////////////////////////////////////////////////////
void __attribute__((interrupt)) EncoderEdge_isr()
{
	// update tcount values
	//////////////////////////////////////
	countsPerEdge = TC4 - previousCount;
	previousCount = TC4;  // previous for next interrupt


	// Adjust PWM duty cycle
	//////////////////////////////
	if((countsPerEdge < targetCountsPerEdge)&&(PWMDTY < 255)) PWMDTY += 1;
	if((countsPerEdge > targetCountsPerEdge)&&(PWMDTY >= 1)) PWMDTY -= 1;

	ClearFlag(4,TFLG1);  // clear the compare flag

	edgeOccurred = TRUE;  // set edgeOccurred for the watchdog
}
```

Note that the interrupt function not only measures the speed, but adjusts PWMDTY based on the relationship between the measured counts per edge and the target counts per edge.

The Concept of a Watchdog

A watchdog function is a function that watches to insure that the system is not locked up. In the code above there will be no interrupt if the motor is not moving. The watchdog function in main increases PWMDTY if no edge is detected within one second. It continues to increment PWMDTY until the motor starts moving and the interrupt function takes over.

A Proportional Controller

A controller that can change the PWMDTY by an amount proportional to the amount of error is called a **proportional controller** because the change is proportional to the amount of error. The code is almost identical except that the interrupt function multiplies the difference between the desired and actual speed, the error, by a proportionality constant I called Kp to determine how much to change the PWM duty cycle.

As in the previous example, the interrupt routine sets an edgeOccurred variable when an edge occurs. Main would take an appropriate action to start the motor if the ISR isn't called and hasn't set edgeOccurred.

```
// ISR called on each encoder edge updates countsPerEdge and adjusts PWMDTY
// The code assumes that Kp is a previously set global variable.
/////////////////////////////////////////////////////////////////////////////
void __attribute__((interrupt)) EncoderEdge_isr()
{
	int error;

	countsPerEdge = TC4 - previousCount;  // update global countsPerEdge

	// Adjust PWM duty cycle, limiting it to between 0 and 255.
	//////////////////////////////////////////////////////////////////////
	error = targetCountsPerEdge - countsPerEdge;
	adjustedPWMDTY = PWMDTY + Kp * error;
	if(adjustedPWMDTY < 0) PWMDTY = 0;
	else if(adjustedPWMDTY > 255) PWMDTY = 255;
	else PWMDTY = adjustedPWMDTY;

	previousCount = TC4;  // previous for next interrupt
	ClearFlag(4,TFLG1);  // clear the compare flag
	edgeOccurred = TRUE;  // set edgeOccurred for the watchdog
}
```

Optimizing the Proportionality Constant

The proportionality constant, Kp in the code above, must somehow be determined. The process for determining the best value requires some knowledge of how control algorithms work.

A control algorithm is generally evaluated by noting how well it responds to a sudden change in the desired speed. Consider two cases in which the desired speed is suddenly increased by a large amount:

1. If the Kp is very small, the motor speed will be very slowly increased until it finally arrives at the correct speed. In this case, controller would work but would not respond well to rapid changes in speed.
2. If the Kp is very large, the PWM duty cycle will change in large steps, causing the speed to overshoot the desired speed and to then oscillate above and below the desired speed before it finally converges. In this case, the controller performance would be radical in the presence of frequent change in desired speed.

The optimum Kp is between these two, i.e., the multiplier should make the controller respond quickly to changes without significant overshoot. The best way to find the optimum Kp is to write a special program wherein main contains a loop that tests a range of values and notes the one which gives the fastest transition time, but does not exceed a specified overshoot amount as in the following simplified code.

```
// This program tests a range of Kp values to find the optimum Kp
//////////////////////////////////////////////////////////////////////
main()
{
	float Kp;			// Kp currently being tested
	float bestKp;			// Kp for best time-to-speed
	unsigned short tts;		// time to speed for current Kp
	unsigned short bestTTS;		// best time-to-speed
	unsigned short os;		// overshoot resulting from current Kp

	for(Kp = INITIAL_KP; Kp < MAX_KP; Kp += KpDelta) {
		AccelerateToDesiredSpeed(Kp, &tts, &os);	// sets tts and os
		if((tts < bestTTS) && (os < OS_LIMIT)) {
			bestKp = Kp;
			bestTTS = tts;
		}  // End of if
		StopTheMotor(); // zero PWMDTY and wait for motor to stop
	}  // end of for
	LCDPuti(1, "Best Kp = ", bestKp, " RPM");
	LCDPuti (2, "Best TTS = ", bestTTS, " ms");
}   // end of main
```

A PD Controller

A PD controller considers the error and the derivative of the error. The cruise control analogy for the PD controller would be as in the following paragraph.

The slope of the road will influence how much a given change in gas pedal position will change the car's speed. If the controller notes how much the last adjustment changed the speed and uses that information to help calculate the next gas pedal adjustment, the control algorithm is called a **PD control algorithm** because it considers the error in speed and also considers the change in speed, i.e. the derivative of the speed, resulting from the last pedal adjustment.

The resulting interrupt routine for motor control would essentially be the following code. Note that in this example I have simplified the derivative as simply the change in error. Kd is the multiplier associated with the derivative term.

```
// Interrupt Service Routine called on each encoder edge
// updates counts per edge and adjusts PWM value
/////////////////////////////////////////////////////////////
void __attribute__((interrupt)) EncoderEdge_isr()
{
	int error;
	int errorChange;	// used for derivative
```

```
        // update tcount values
        ///////////////////////////////////
        countsPerEdge = TC4 - previousCount;

        // Adjust PWM duty cycle.  Note that the new value must be limited
        // to a number between 0 and 255.
        ////////////////////////////////////////////////////////////////////////
        error = targetCountsPerEdge - countsPerEdge;
        errorChange = error - previousError;

        adjustedPWMDTY = PWMDTY + (Kp * error) + (Kd * errorChange);
        if(adjustedPWMDTY < 0) PWMDTY = 0;
        else if(adjustedPWMDTY > 255) PWMDTY = 255;
        else PWMDTY = adjustedPWMDTY;

        previousCount = TC4;   // previous count for next interrupt
        previousError = error; // previous error for next interrupt

        ClearFlag(4,TFLG1);   // clear the compare flag
        edgeOccurred = TRUE;
}
```

For the above algorithm to work, the programmer must find optimum values for Kp and Kd. In general, the Kp will be different from the Kp used in the proportional controller. As a result, a search algorithm would need to vary Kp and Kd to find the optimum values. There are also other methods for optimizing Kp and Kd. These are beyond the scope of this book.

A PID Controller

Even a PD controller may not give the desired control quality. If there is still some ongoing error, it can be captured by summing, i.e. integrating, the previous errors and also considering that sum in order to determine the next gas pedal adjustment. This controller is called a **PID controller** In the example interrupt routine below, the integral is simplified to the sum of the current error and the previous error.

```
// Interrupt Service Routine called on each encoder edge
/////////////////////////////////////////////////////////////
void __attribute__((interrupt)) EncoderEdge_isr()
{
        int error;
        int errorChange;     // used for derivative
        int errorSum;        // used for integral

        // update tcount values
        ///////////////////////////////////
        countsPerEdge = TC4 - previousCount;

        // Adjust PWM duty cycle.  Note that the new value must be limited
```

```
    // to a number between 0 and 255.
    //////////////////////////////////////////////////////////////////////
    error = targetCountsPerEdge - countsPerEdge;
    errorChange = error - previousError;
    errorSum = error + previousErrorSum;

    adjustedPWMDTY = PWMDTY + (Kp * error) + (Kd * errorChange)
          + (Ki * errorSum);
    if(adjustedPWMDTY < 0) PWMDTY = 0;
    else if(adjustedPWMDTY > 255) PWMDTY = 255;
    else PWMDTY = adjustedPWMDTY;

    previousCount = TC4;          // global available for the next interrupt
    previousError = error;        // global available for the next interrupt
    perviousErrorSum = errorSum;  // global available for the next interrupt

    ClearFlag(4,TFLG1);  // clear the compare flag
    edgeOccurred = TRUE;  // set edgeOccurred for the watchdog
}
```

As with the proportional and PD controllers, the constants for the PID controller must be optimized!

Summary

The previous sections give just a few examples of controllers. The development of controllers is an engineering specialty by itself.

Following the sequence of designs discussed in those sections would make an excellent lab project!

CHAPTER 16: A DISTRIBUTED CONTROL SYSTEM WITH A CENTRAL DATA SERVER

This chapter introduces the framework for a distributed control system. It could be used, for example, for distributed energy-conserving household controls such as in the diagram below.

Overview

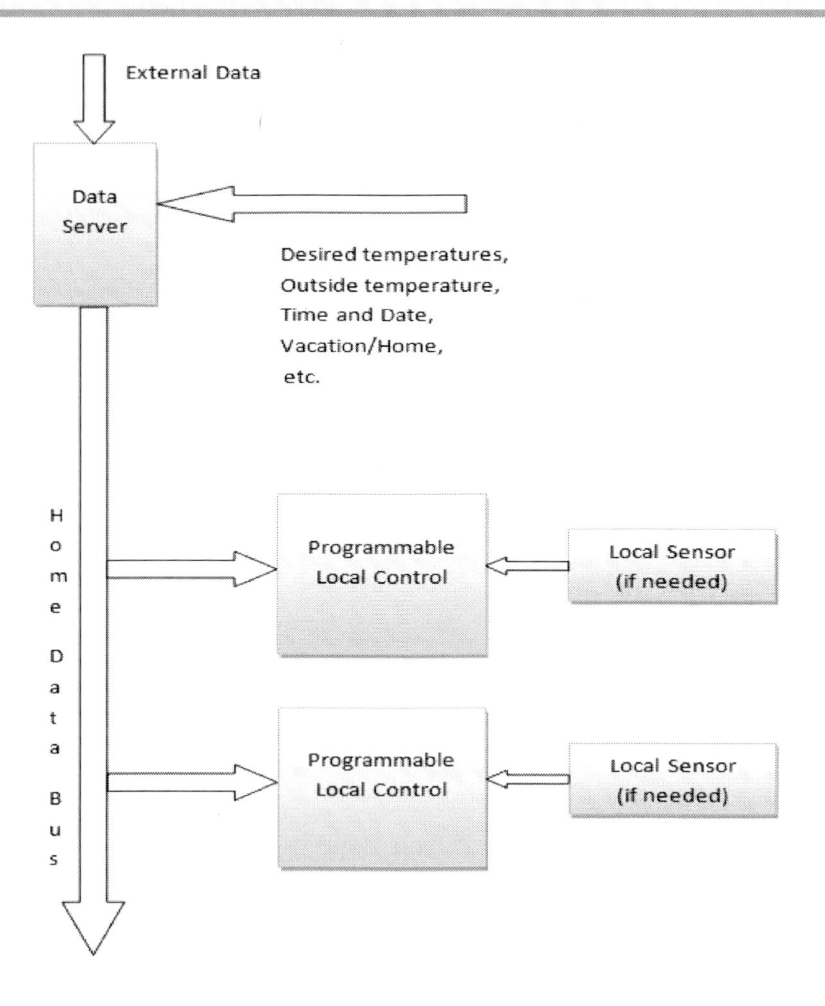

This Block Diagram shows the general structure of a distributed home environment control system with a global data server

A home environment control system as shown above would consist of:

A data server with access to data such as the current time and date, thermostat settings, outside temperature, sun brightness, etc. The data server keeps the data in a data structure which would be broadcast to the local control modules at regular intervals.

A set of control modules. Each module would receive the data from the data server, update its local data, including the data from any local sensors. It would then determine if it needs to change anything that it is controlling, and do so if appropriate. Example control modules include:

- Position a solar array based on the current time and date
- Operate a fan to pull air from a house into or out of an attic
- Open and close windows, curtains, blinds, awnings or shutters
- Turn lights on and off
- Create zero-hysteresis thermostat
- Open and close furnace vents
- Control a heat recovery ventilator
- Control a Swamp cooler
- Control a thermal energy storage system
- Control rain water collection and usage

Code Outlines

The following sections provide pseudo-code as comments for the data server and local controllers

DATA SERVER CODE TEMPLATE

```
// Data Server Template
//////////////////////////////

// Includes
//////////////////////////////////
#include "PLL.h"
#include "Database.h"  // dataset function prototypes
#include "sci.h"       // serial port for database (include sci.c in project)
#include "Timer.h"     // timer function prototypes
#include "LCD.h"       // LCD display prototypes

// Defines (this is a template for defining current values
// in order to set or access them efficiently in the code)
/////////////////////////////////////////////////////////////////
#define CURRENT_TIME dataSet.dataItems[0].currentValue

main() {
```

```
        // InitializeHardware and the database
        //////////////////////////////////////////
        InitializeHardware();
        RESET_DATASET;
        AddDataItem("Time ", 0, 2399, short increment, short currentValue);
         . . .

        while(1) {
                // Wait 30 seconds
                ///////////////////////
                MSTimerWait(30000);

                // Update any data, i.e. time, etc. and update the database
                // In this example, update time 1 hour every 30 seconds
                /////////////////////////////////////////////////////////////
                CURRENT_TIME = (CURRENT_TIME + 100)%2400;
                LCDPuti("Time = ", CURRENT_TIME, " ");
                . . .

                // Send updated data to the local controllers
                /////////////////////////////////////////////
                SendDataset('a');  // send all the information
        } // end of while
}  // end of main

// Initialize the timer, serial port for database, LCD, etc
/////////////////////////////////////////////////////////////////
void InitializeHardware() {
        asm("sei");  // disable interrupts
        InitPLL();  // Initialize PLL
        ioport = 0;  // default output to port sci
        InitSerial(Baud9600);  // Set port frequency (see sce.c & sci.h)
        InitializeTimer();
        LCDInit();
        asm("cli");  // enable interrupts
}

#include "Database.c"
```

NOTE: Include lcd.c, sci.c Timer.c, and PLL.c in the project!

LOCAL CONTROLLER CODE TEMPLATE

```
// Local Controller Template
////////////////////////////////

// Includes
////////////////////////////////////////////////////////////////
#include "PLL.h"
#include "Database.h"       // dataset function prototypes
#include "sci.h"           // serial port for database
#include "Timer.h"         // timer function prototypes
#include "LCD.h"           // LCD display prototypes

// Prototypes
///////////////////
void InitializeHardware();

// Defines (this is a template for defining current values
// in order to set them efficiently in the code)
////////////////////////////////////////////////////////////////
#define CURRENT_TIME dataSet.dataItems[0].currentValue

main() {

        // InitializeHardware and the database
        ////////////////////////////////////////
        InitializeHardware();
        RESET_DATASET;

        while(1) {
                // Get updated data to the server
                // GetDataset will wait for the data and
                // synchronize if necessary.
                ////////////////////////////////////////////////
                GetDataset();

                 // Get any local data
                 /////////////////////////////////////

                 // Display the time and any other appropriate data
                 ////////////////////////////////////////////////////
                 LCDPuti(1, "Time = ", CURRENT_TIME, " ");

                 // Perform any appropriate control operation
                 ////////////////////////////////////////////////

        } // end of while
}  // end of main
```

```
// Initialize the timer, serial port for database, LCD, etc
////////////////////////////////////////////////////////////////
void InitializeHardware() {
        asm("sei");  // disable interrupts
        InitPLL();  // Initialize PLL
        ioport = 0;  // default output to port sci
        InitSerial(Baud9600);  // Set port frequency (see sce.c & sci.h)
        InitializeTimer();
        LCDInit();
        asm("cli");  // enable interrupts
}

#include "Database.c"
```

NOTE: Include lcd.c, sci.c Timer.c, and PLL.c in the project!

Appendix E contains code for database.c, database.h, and the Appendix F contains code for sci.h and sci.c which are used by the database functions.

Summary

In my first incarnation of this system I actually daisy chained the local controllers so that each controller forwarded the data from the data server to the next controller. In my next incarnation I plan to use SNAP Link wireless adapters.

This section concludes the text. There is additional information in the appendices that follow. I hope you have found the information useful, have increased your skills in microcontroller programming, and have enjoyed the experience!

APPENDIX A: GETTING STARTED WITH AXIDE

This appendix will help you learn to use the AxIDE, Axiom Integrated Development Environment.

Start AxIDE and Create a Template Program

1. Create a directory such as K:Programs in which you want to save your projects. There must be **no spaces** in the directory name or the path to that directory. **A director C:\My Documents\Programs will not work ! A path K:My Programs will not work!**

2. Find and start **AxIDE**. The following window should appear.

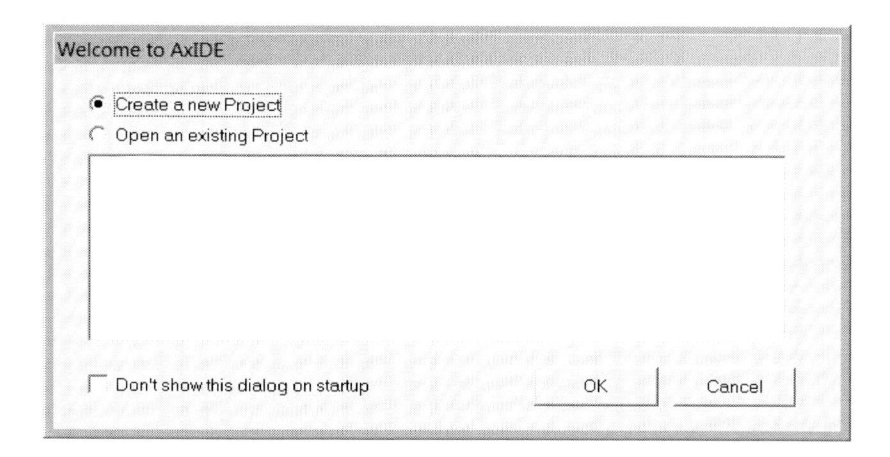

3. Select Create a new Project as above, then click the **OK** button. The window below should appear.

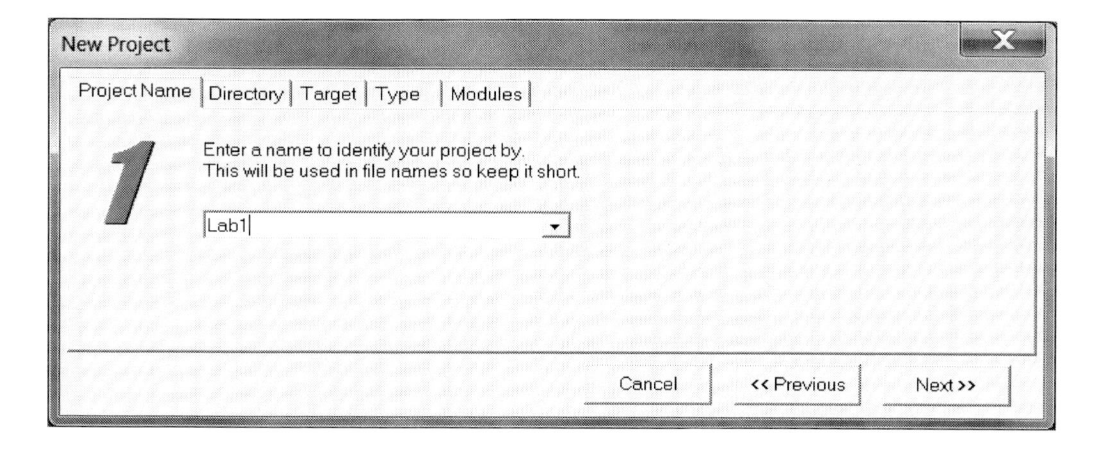

4. . Type in the project name, such as Lab1. **Do not include any spaces in the name!**

5. Click **Next** or select the **Directory** tab. The following window should appear.

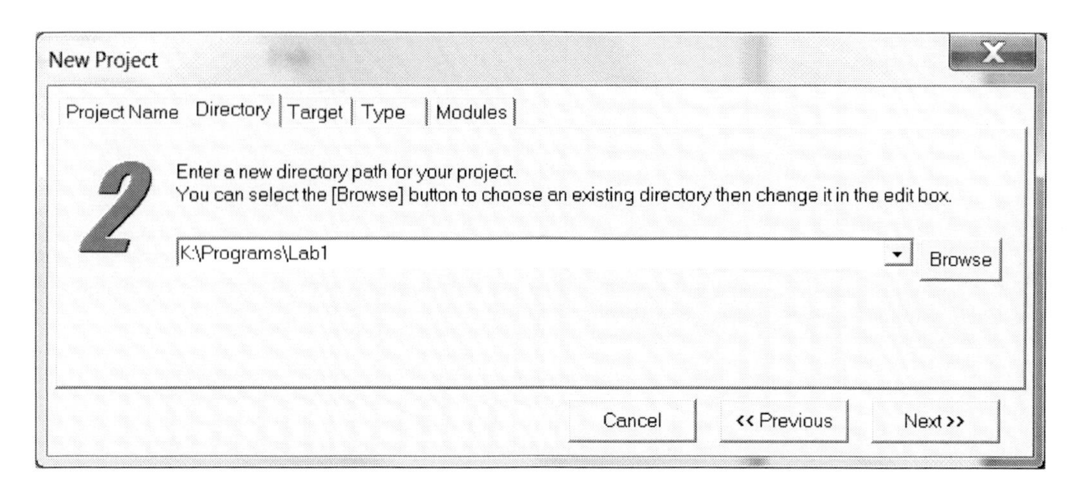

5. Then, type in a name such K:\Programs\Lab1 as shown above or an equivalent path. The first part of the path should match the directory you created earlier. The last part should be the same as the name you gave to the project.

6. Click the Next button or the Target tab and select CML-9S12DP512, or the appropriate name of your board, as shown below.

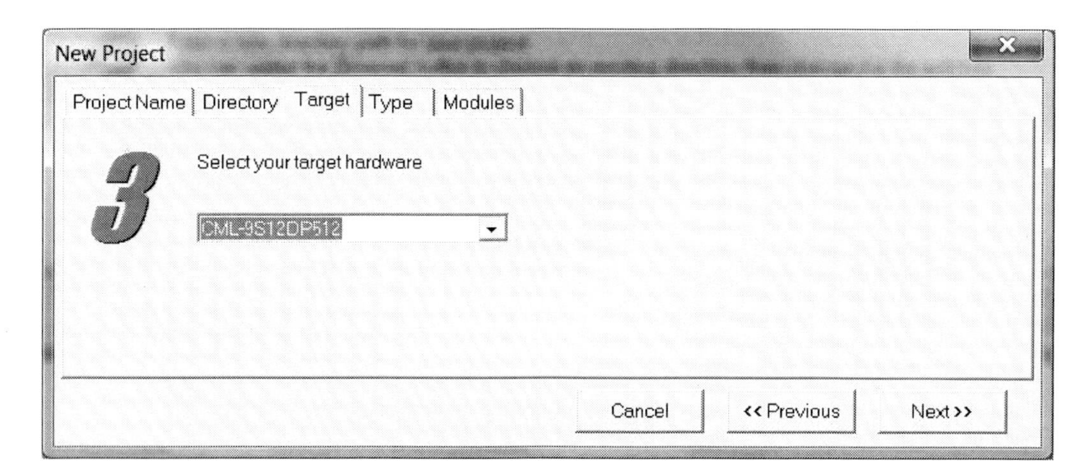

6. Select CML-9S12DP512 as the target unless you are using a different board. That is the model number of your microcontroller evaluation board. Click **Next** or select the **Type** tab.

7. Click Next or select the Type tab and select C-Simple as shown below. This will tell it what type of template file to create. Click Next or select the Modules tab and the following window should appear.

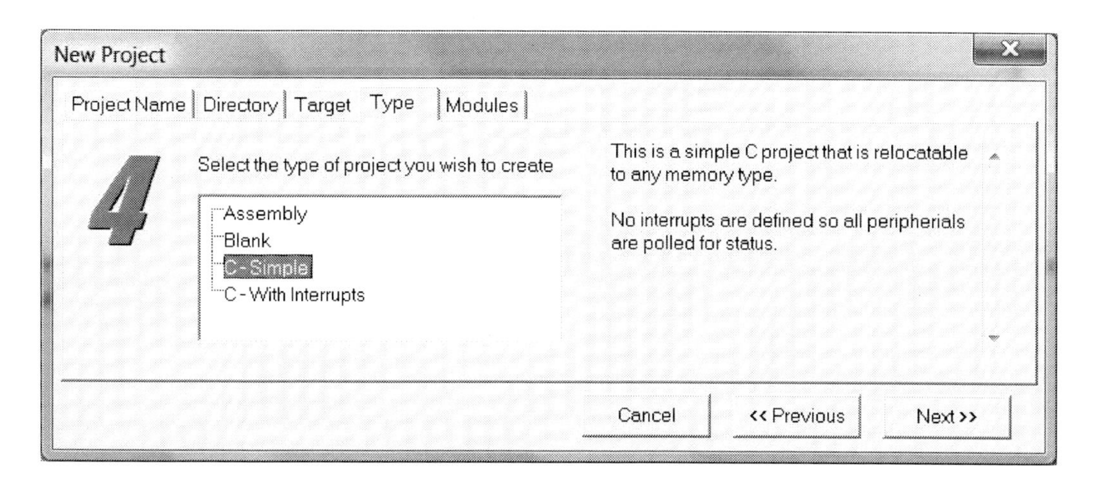

7. Select C-Simple as the type.

8. Select Next or the Modules tab and select LCD as shown below

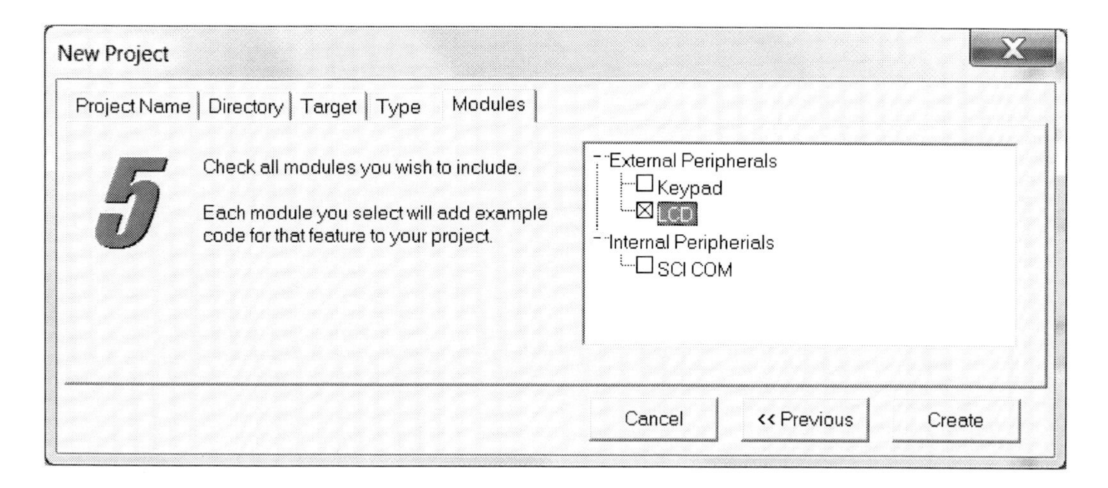

9. Click Create. The AxIDE has created a template program, as shown below. The program gives you a starting point for your final program. Note that you may need to click main.c in the left window to see the code.

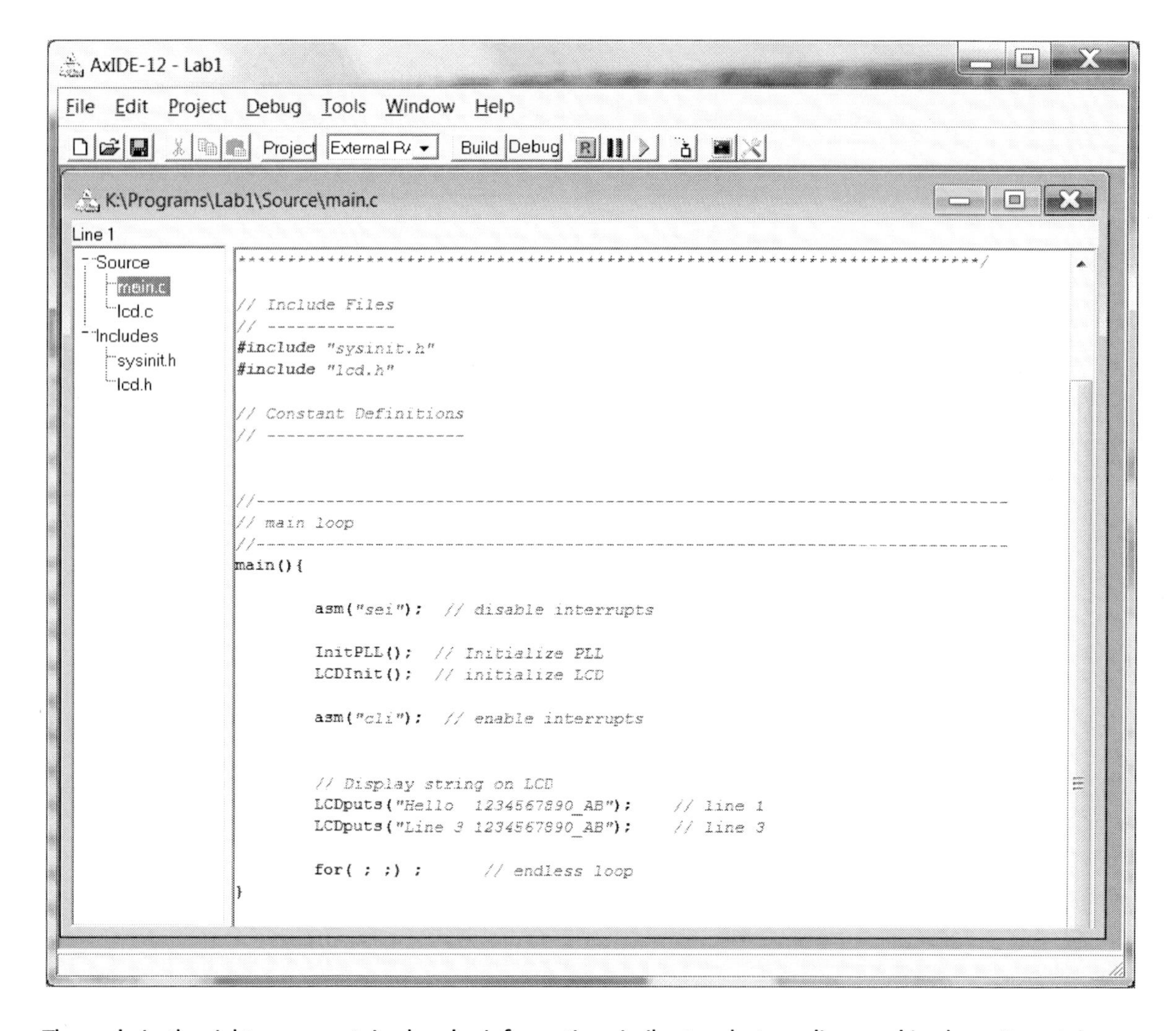

The code in the right pane contains header information similar to what we discussed in class. It contains:

1. A simple header comment labeled Hello World.

2. Include statements for sysinit.h and lcd.h. Sysinit.h contains prototypes for some special functions that initialize the microcontroller. Lcd.h holds prototypes for functions that send data to the LCD display. Lcd.c contains the actual code.

You can view all files by selecting them in the left pain.

3. Note that main first calls functions to initialize the microcontroller:

   a. asm("sei") creates a sei assembly language instruction to disable interrupts.

b. InitPLL() sets up the clock inside the microcontroller to run at 20 MHz.

c. LCDInit() initializes the LCD display

d. asm("cli") enables interrupts. Interrupts actually aren't needed for this program.

f. The two LCDputs statements display data to the LCD. Later you can refer to the LCD Drive Code in appendix D for the more advanced LCDPuti () and LCDDisplayLine() functions.

g. The final for(;;;) loop causes the program to run forever.

Compile and Run the Program

1. Set the memory as **External Ram**. This will cause the code generated to run in the RAM on the board instead of the RAM in the microcontroller.
2. Press the **Build** button. This will cause the compiler to compile and assemble the program. A window should pop up showing the compile process.
3. Connect the microcontroller as shown by your instructor if you have one. **Be sure to follow correct electrostatic handling procedures!!**
4. Carefully connect the LCD display to the microcontroller board.
5. Press the **Debug** button. This should cause the code to load into the microprocessor through the USB port and the microcontroller's BDM, Background Debug Module. The screen will fill up with windows. For now, you only care about the black terminal window.
6. Press the **Run** button, the button with the green triangle, to run the program. The text in the calls to LCDputs() should appear in the terminal window.
7. **Congratulations! You have created and run your first program.**

Your next step should be to set up InitializeHardware as in the book and try some of the basic programs we discussed.

APPENDIX B: USING THE AXIDE DEBUGGER

In most microcontrollers, the only way to trace the operation of code is with the use of print statements placed at strategic locations. While this approach can still be useful, the 68HCS12 contains a BDM, background debug module, which allows you to set breakpoints in your code, single step through the code, and look at the value of variables when the program is running.

Consider the following code.

```
// File: DebugExample
// Author Harlan Talley
// This program fills an array with the upper case letters of the alphabet
/////////////////////////////////////////////////////////////////////////////////

// Include Files
//////////////////////
#include "sysinit.h"

// Prototypes
//////////////////
void InitializeHardware();

// main
////////////////////////////////////////////////////////////
main(){
    char s[27];  // character string (indexes 0 thru 26)
    short i;     // index counter

    InitializeHardware();

   for(i = 0; i < 11; i++) {
       s[i] = 'A' + i;  // will display ABCDEF...
       s[i+1] = '\0';
   }

   for( ; ;) ;      // endless loop
}

// InitializeHardware
/////////////////////////
void InitializeHardware() {

        asm("sei");  // disable interrupts
        InitPLL();  // Initialize PLL
        asm("cli");  // enable interrupts
}
```

```
// change the clock frequency using the PLL
//////////////////////////////////////////////
void InitPLL(){
    unsigned char stat;

    CLKSEL = 0x00;  // Disable PLL as the clock

    // Enable the PLL

#ifdef CLKX_L
    SYNR_RDV =  CLKX_L ;    // set Eclock frequency with divider
#else
    SYNR = CLKX ;         // Set Eclock multiplier only
#endif

    do{              // wait for PLL to lock...
        stat = CRGFLG;  // get PLL flags
    }while((stat & 0x08) == 0);

    CLKSEL = 0x80;  // Enable PLL as the clock
}
```

Setting Up Debugging

Assume that you want to trace the value of i and s. **Since the debugger requires traced variables to be global, temporarily make i and s global variables as below. Note that I temporarily commented out the local s and i variables in main.**

```
// File: DebugExample
// Author Harlan Talley
// This program fills an array with the upper case letters of the alphabet
///////////////////////////////////////////////////////////////////////////

// Include Files
/////////////////////
#include "sysinit.h"

// Prototypes
//////////////////
void InitializeHardware();

// Global variables (Temporary for debugging)
/////////////////////////////////////////////
char s[27];
short i;
```

```
// main
//////////////////////////////////////////////////////////////////
main(){
//     char s[27];  // character string (indexes 0 thru 26)
//     short i;     // index counter

. . .
```

1. As normal, build the code by pressing the **Build** button.
2. If it builds without errors, press the **Debug** button. That will load the code.

At this point you should see a number of other windows on your screen. This time we will make use of some of those windows.

The Source/Disassembly window , shown below, shows the source code with the currently executing line highlighted. If the program isn't yet running, it will highlight the beginning of main().

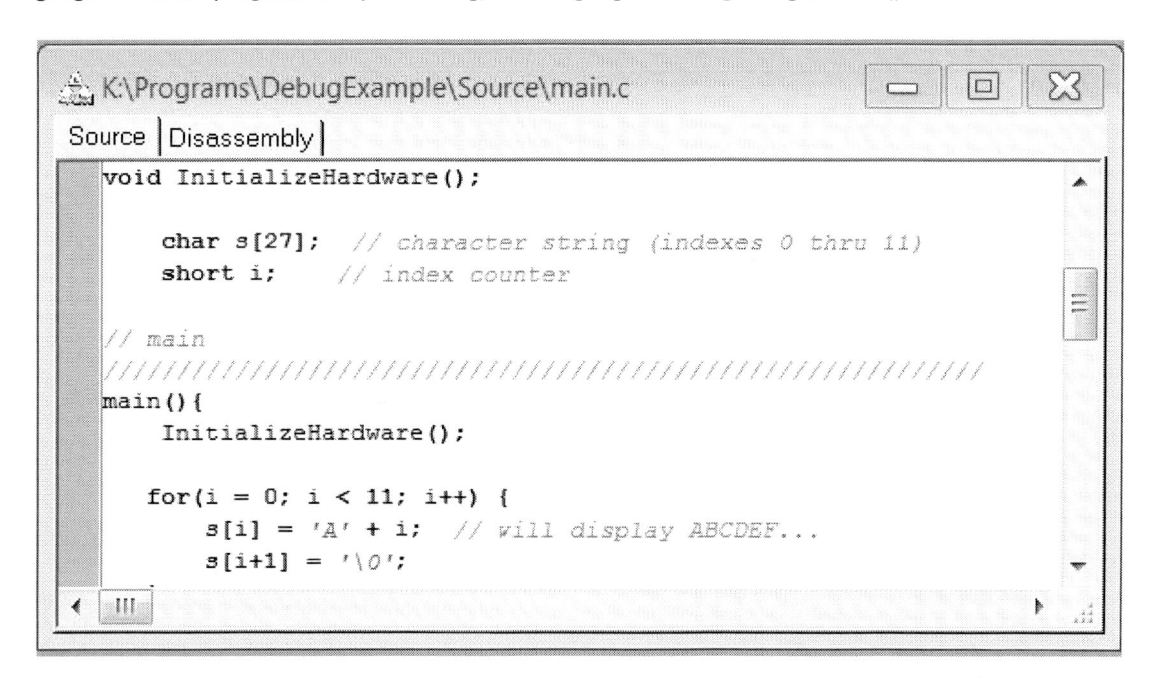

The Source/Disassembly window for following the code and setting breakpoints.

The window shows the C code when you press Source tab and the resulting assembly code when you select the Disassembly tab. The assembly code is beyond the scope of this book. We will use the Source/Disassembly window for tracing the code and for setting breakpoints.

The functions window shown below lists all the functions in your code. **When you double click on a function name in the functions window, the Source/Disassembly window will move to that function.**

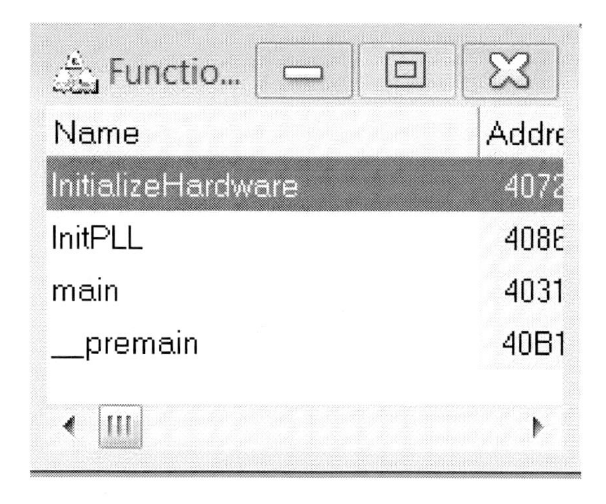

The Functions Window lists the functions in your code.

The variables window shows the global variables available for watching.

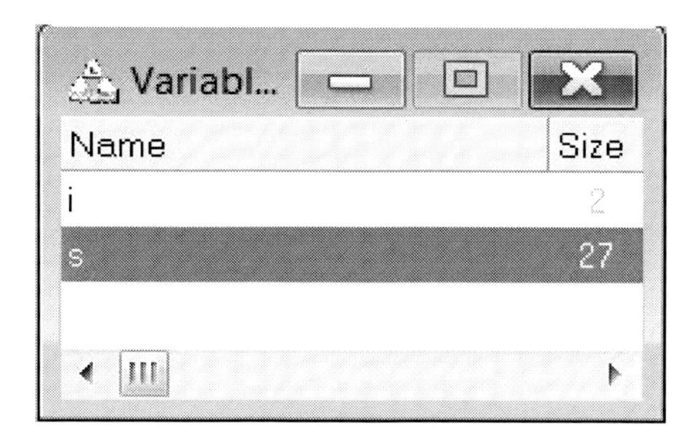

The Variables Window lists the variables available for watching

The Watch List window shows the variables you have selected for watching, i.e. monitoring. The variable values in the watch list will change as you step through the code. This allows you to actually see the effects of the code. **When you double click on a variable in the variables window, it will be added to the watch list.**

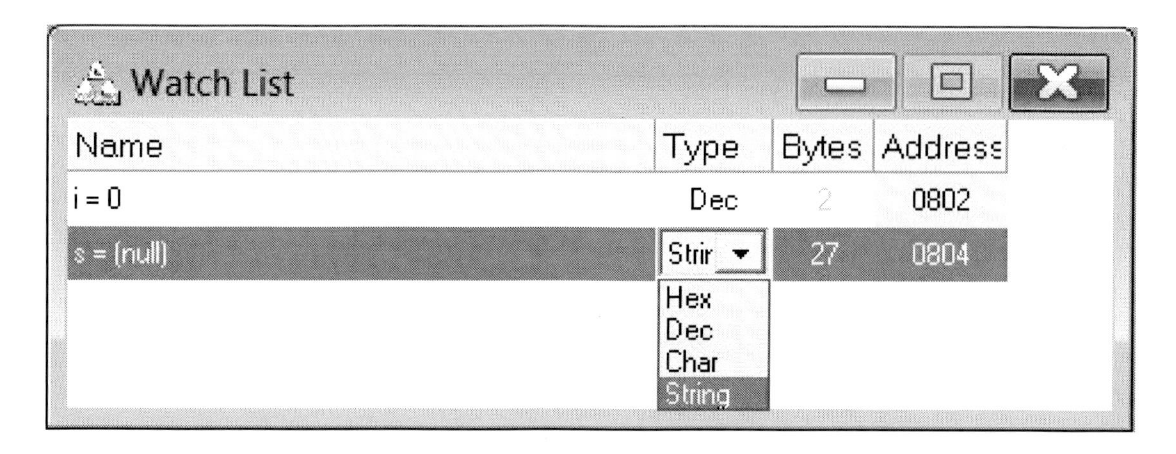

The Watch List window lists the variables that you have selected for watching.

Note that s was just selected. The watch list lets you select the format in which you want to view the variable, i.e. decimal, hex, char, or string. It also shows the current value of the variable and its location in memory, i.e. its address.

Note that when you select a new type, you may need to select another line before your change shows up. To get the latest value of a variable you may sometimes need to double click on its name in the watch list and select OK on the pop-up window.

In this case, I have already selected 'i' and 's' for watching. I have set 'i' as decimal and 's' as a string.

The data window, not shown here, shows data in memory. This is generally of limited use for a C programmer.

Setting Breakpoints

A breakpoint is a line in the code at which the debugger will pause execution. You use breakpoints to help determine the order in which instructions are executed and/or to check the value of program variables, such as 'i' and 's' in this example.

To set a breakpoint, double click to the left of the line where you want a breakpoint. In the next figure, I have reloaded the program and set a breakpoint on the line setting s[i+1]. Note that the breakpoint line is highlighted in red. The Axiom debugger allows you set more than one breakpoint. The exact number is determined by your processor.

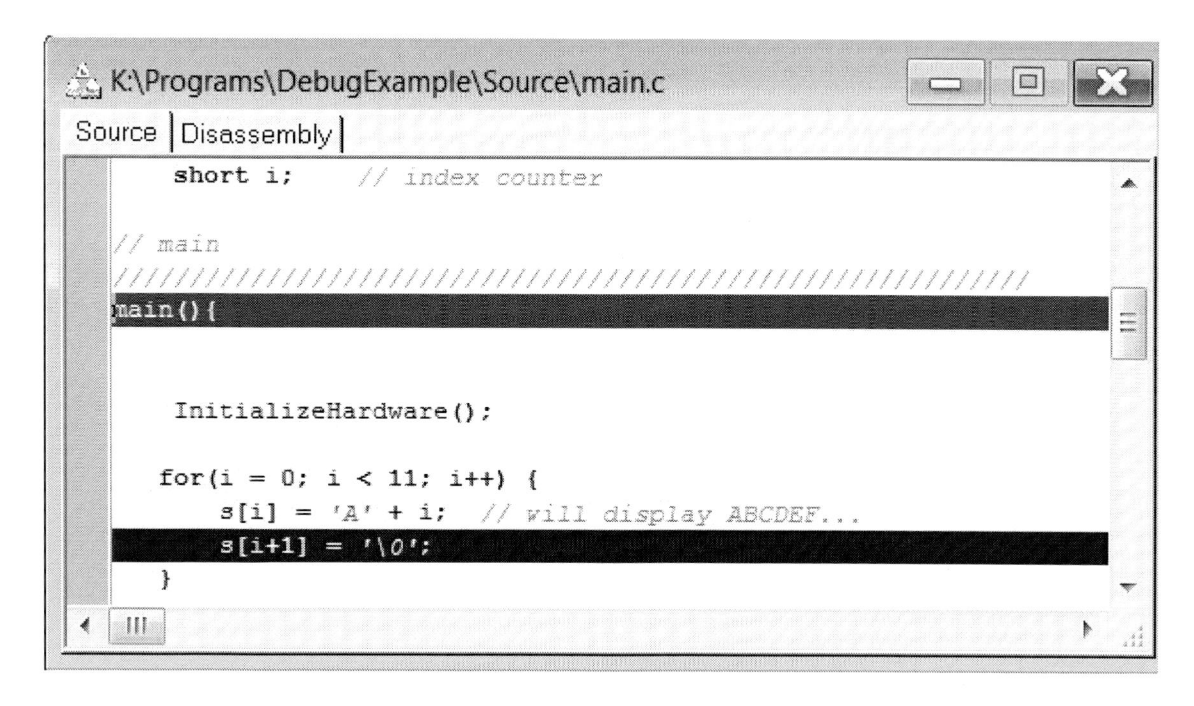

When a breakpoint is set, the line will be highlighted in red.

Below, I have clicked the run arrow again, causing execution to advance to the red debug line and pause, leaving the source/debug window as follows. When the code runs, it will pause on the selected line in the state just before the highlighted line has actually executed. At this point, the value display will be as below.

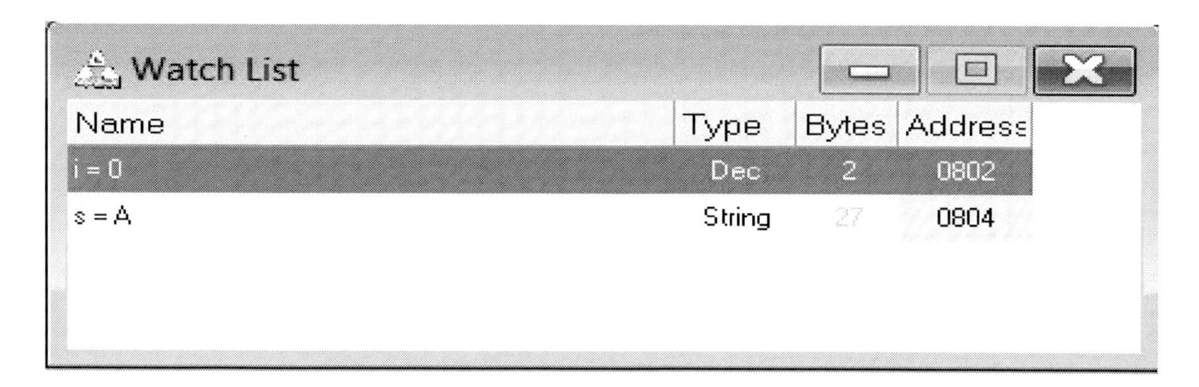

After stopping at the breakpoint, the watch list will be as above

When I press run again, the code will make one pass through the for loop and again stop at the breakpoint. The watch list will look as in the next figure.

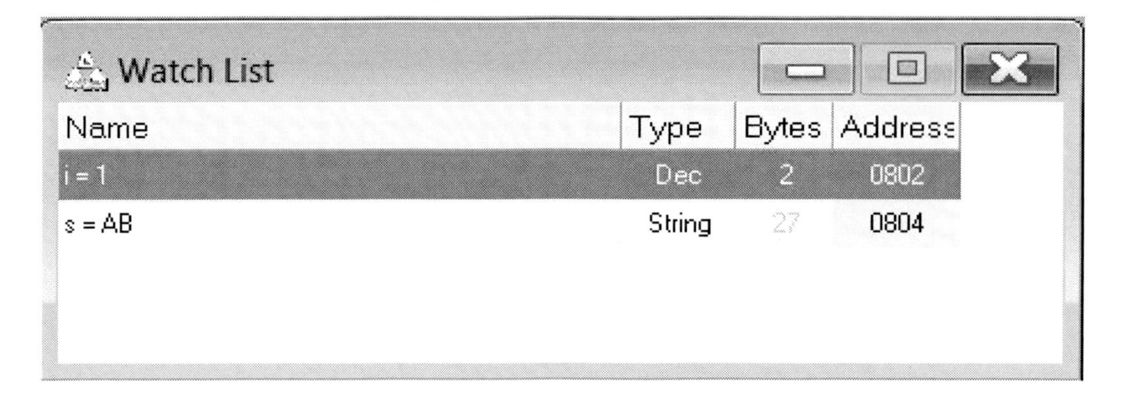

The watch list shows s = AB after the second loop

This process can be repeated as appropriate to examine other areas of the code.

Telling Automatic Hardware What to do When Paused

Some of the configuration bits discussed in the previous sections of this book allowed you to define whether a particular piece of hardware pauses or continues to run when the processor is paused for debugging. For instance, you may want a PWM to continue to run even when the code is paused. Consider this option as appropriate in your code.

APPENDIX C: CODE FOR SWITCH INTERRUPT EXAMPLE

```
//  Interrupt Example
//  Author: Harlan Talley
//  This program will wait in a loop until a switch connected to
//  Port T, bit 0 is closed and an interrupt handler sets the
//  global variable 'switchPushed'
///////////////////////////////////////////////////////////////////

// Include Files
///////////////////////
#include "PLL.h"
#include "lcd.h"
#include "ports_D256.h"
#include "BitMacros.h"

// defines to give registers newest names
/////////////////////////////////////////
#define TIE TMSK1
#define TSCR1 TSCR

// Define TRUE and FALSE
#define FALSE 0
#define TRUE 1

// Function Prototypes
////////////////////////
void InitializeHardware();
void InitializeTimer();
void SetUpSwitchInterrupt();
void unused_isr(void) __attribute__((interrupt));
void  Switch_isr(void) __attribute__((interrupt));
extern void _start(void);

// Global Variables
////////////////////
volatile char switchPushed;    // volatile since changed in interrupt

// main loop
/////////////////////////////////////////////
main(){

        InitializeHardware();

       // loop while waiting for switch interrupt to set 'done'
        /////////////////////////////////////////////////////
        switchPushed = FALSE;
        LCDDisplayLine(1, "Waiting");
              while(switchPushed == FALSE) {
```

```
            // do something while waiting for switchPushed  to be set
            //////////////////////////////////////////////////////////
        }

        LCDDisplayLine(2, "Switch Closed");

        for(;;);
}



// InitializeHardware initializes the PLL and serial port
//////////////////////////////////////////////////////////
void InitializeHardware()
{
        asm("sei");  // disable interrupts
        InitPLL();  // Initialize PLL
        LCDInit();  // Initialize the LCD display
        SetUpSwitchInterrupt();
        asm("cli");  // enable interrupt
}


// SetUpSwitchInterrupt() sets up for an interrupt on Port T,
// Bit 0 on a negative-going edge
//////////////////////////////////////////////////////////////////////////////
///////////////
void SetUpSwitchInterrupt()
{
    ClearBit(0,DDRT); // make DDRT 0 is an input
    SetBit(7,TSCR1);  // enable the timer
    ClearBit(0,TIOS); // put timer channel 0 in input capture mode
    SetBit(1,TCTL4); ClearBit(0,TCTL4); // set timer capture falling edge only
    SetBit(0,TIE);    // Enable interrupt for timer channel 0
    ClearFlag(0,TFLG1); // clear the timer channel 0 compare flag
}


// Unused interrupt service routine for interrupt table
//////////////////////////////////////////////////////
void __attribute__((interrupt)) unused_isr(void)
{
    /* do nothing */
}

// Switch_isr clears the intterrupt and sets 'done' when the switch is closed
//////////////////////////////////////////////////////////////////////////////
void __attribute__((interrupt)) Switch_isr()
{
    ClearFlag(0,TFLG1);  // clear the compare flag
    switchPushed = TRUE;
}

// Interrupt vector table
```

```
////////////////////////////////////////////////////////////////////////////////
void __attribute__ (( section (".vectors") )) (* const
interrupt_vectors[])(void) = {
  unused_isr,     // FF80, vector 63, - reserved
  unused_isr,     // FF82, vector 62, - reserved
  unused_isr,     // FF84, vector 61, - reserved
  unused_isr,     // FF86, vector 60, - reserved
  unused_isr,     // FF88, vector 59, - reserved
  unused_isr,     // FF8A, vector 58, - reserved
  unused_isr,     // FF8C, vector 57, - pwmesdn
  unused_isr,     // FF8E, vector 56, - portp
  unused_isr,     // FF90, vector 55, - can4tx
  unused_isr,     // FF92, vector 54, - can4rx
  unused_isr,     // FF94, vector 53, - can4err
  unused_isr,     // FF96, vector 52, - can4wkup
  unused_isr,     // FF98, vector 51, - can3tx
  unused_isr,     // FF9A, vector 50, - can3rx
  unused_isr,     // FF9C, vector 49, - can3err
  unused_isr,     // FF9E, vector 48, - can3wkup
  unused_isr,     // FFA0, vector 47, - can2tx
  unused_isr,     // FFA2, vector 46, - can2rx
  unused_isr,     // FFA4, vector 45, - can2err
  unused_isr,     // FFA6, vector 44, - can2wkup
  unused_isr,     // FFA8, vector 43, - can1tx
  unused_isr,     // FFAA, vector 42, - can1rx
  unused_isr,     // FFAC, vector 41, - can1err
  unused_isr,     // FFAE, vector 40, - can1wkup
  unused_isr,     // FFB0, vector 39, - can0tx
  unused_isr,     // FFB2, vector 38, - can0rx
  unused_isr,     // FFB4, vector 37, - can0err
  unused_isr,     // FFB6, vector 36, - can0wkup
  unused_isr,     // FFB8, vector 35, - flash
  unused_isr,     // FFBA, vector 34, - eeprom
  unused_isr,     // FFBC, vector 33, - spi2
  unused_isr,     // FFBE, vector 32, - spi1
  unused_isr,     // FFC0, vector 31, - iic
  unused_isr,     // FFC2, vector 30, - bdlc
  unused_isr,     // FFC4, vector 29, - crgscm
  unused_isr,     // FFC6, vector 28, - crgplllck
  unused_isr,     // FFC8, vector 27, - timpabovf
  unused_isr,     // FFCA, vector 26, - timmdcu
  unused_isr,     // FFCC, vector 25, - porth
  unused_isr,     // FFCE, vector 24, - portj
  unused_isr,     // FFD0, vector 23, - atd1
  unused_isr,     // FFD2, vector 22, - atd0
  unused_isr,     // FFD4, vector 21, - sci1
  unused_isr,     // FFD6, vector 20, - sci0
  unused_isr,     // FFD8, vector 19, - spi0
  unused_isr,     // FFDA, vector 18, - timpaie
  unused_isr,     // FFDC, vector 17, - timpaaovf
  unused_isr,     // FFDE, vector 16, - timovf
  unused_isr,     // FFE0, vector 15, - timch7
  unused_isr,     // FFE2, vector 14, - timch6
  unused_isr,     // FFE4, vector 13, - timch5
```

```
   unused_isr,     // FFE6, vector 12, - timch4
   unused_isr,     // FFE8, vector 11, - timch3
   unused_isr,     // FFEA, vector 10, - timch2
   unused_isr,     // FFEC, vector 09, - timch1
   Switch_isr,     // FFEE, vector 08, - timch0
   unused_isr,     // FFF0, vector 07, - rti
   unused_isr,     // FFF2, vector 06, - irq
   unused_isr,     // FFF4, vector 05, - xirq
   unused_isr,     // FFF6, vector 04, - swi
   unused_isr,     // FFF8, vector 03, - trap
   unused_isr,     // FFFA, vector 02, - cop
   unused_isr,     // FFFC, vector 01, - clkmon
   _start          // FFFE, vector 00, - reset
};
```

APPENDIX D: LCD DRIVER CODE

```
// File LCD.h
////////////////////

#ifndef _LCD_DEF_H
#define _LCD_DEF_H

#include "sysinit.h"

// Constant Definitions
// --------------------
#define LCD_WR          0x20     // lcd WR bit
#define LCD_RS          0x40     // lcd RS bit
#define LCD_EN          0x80     // lcd EN bit

// RAM Variables
// -------------
extern unsigned char LCDBuf;   // holds data and status bits sent to LCD
extern unsigned char LCDStat;  // holds LCD status

// Function Prototypes
// -------------------
void LCDInit();
void LCDputs(char *sptr);
void LCDputch(unsigned char datval);
void LCDDisplayLine(short lineNo, char line[]);
void CopyLCDLine(char *lcdLine, char *sourceLine);
void LCDPuti(short lineNo, char *prefix, short aNumber, char *suffix);


#endif /* _LCD_DEF_H */
```

```
//  File LCD.c
//
// Original Author: Dusty Nidey, Axiom Manufacturing
// Modified by Harlan Talley, HAT Technologies
////////////////////////////////////////////////////

// Includes
//////////////////
#include "lcd.h"

// Global Variables
////////////////////////////////
char line1[] = "                    " ;
char line2[] = "                    " ;
char line3[] = "                    " ;
char line4[] = "                    " ;

// RAM Variables
//////////////////
unsigned char LCDBuf;    // holds data and status bits sent to LCD
unsigned char LCDStat;   // holds LCD status

#define LCD_DELAYTIME    0x200    // adjust this value Lower for quicker LCD
performance, Higher if you're seeing garbage on the display

// simple delay loop, waits the specified number of counts
void LCD_delayu(unsigned int ucount){
    while(ucount > 0){
        --ucount;
        // look at your compiler output and count the number of cycles used.
        // add more of these if needed to fine tune the exact delay you want
        //         asm("nop");

    }
}

// simple delay loop, LCD_delayu() * LCD_DELAYTIME
////////////////////////////////////////////////////
void LCD_delaym(unsigned int mcount){
    while(mcount > 0){
        --mcount;
        LCD_delayu(LCD_DELAYTIME);
    }
}

// Simple Serial Driver (SPI) send byte
// sends data byte in global LCDBuf
// return received back value in global LCDStat
/////////////////////////////////////////////
void LCDSend(){
    LCD_delaym(1);
    LCDStat = SPI0SR;    // clear status of SPI by reading it
```

```
    SPI0DR = LCDBuf; // send byte

    do{ // wait for status flag to go high
        LCDStat = SPI0SR;
    }while(LCDStat < 0x80);

    LCDStat = SPI0DR;    // receive value back
}

// writes 4 bit data to lcd port
/////////////////////////////////
void lcd_wr_4(char LCDdata){
   // merge lower 4 bits of LCDdata with upper 4 bits of LCDBuf (control bits)
    LCDBuf &= 0xF0;
    LCDBuf |= LCDdata;

    LCDBuf &= ~LCD_EN;  // enable low
    LCDSend();  // send the data
    LCDBuf |= LCD_EN;  // enable high
    LCDSend();  // send the data
    LCDBuf &= ~LCD_EN;  // enable low
    LCDSend();  // send the data
}

// same as above but with delay
/////////////////////////////////
void lcd_wr_4d(char LCDdata){
    lcd_wr_4(LCDdata);
    LCD_delaym(50);
}

// Lcd Write 8 bit Data , upper 4 bits first, then lower
/////////////////////////////////////////////////////////////
void LCD_Write(unsigned char lcdval){
    lcd_wr_4(lcdval >> 4);       // send upper 4 bits
    lcd_wr_4(lcdval & 0x0F);     // send lower 4 bits
}

// write a COMMAND byte to the LCD
////////////////////////////////////
void lcd_cmd(unsigned char cmdval){
    LCDBuf &= ~LCD_RS; // clear RS to select LCD Command mode
    LCD_Write(cmdval);
    LCD_delaym(10);
}

// LCDputch
// Send a character to the LCD for display.
//////////////////////////////////////////////
void LCDputch(unsigned char datval){
    LCDBuf |= LCD_RS; // set RS to select LCD Data mode
    LCD_Write(datval); // write a DATA byte to the LCD
}
```

```
// LCDputs
// Send a string of characters to the LCD.  The string must end in a 0x00
//////////////////////////////////////////////////////////////////////////////
void LCDputs(char *sptr){
        while(*sptr){
        LCDputch(*sptr);
                ++sptr;
        }
}

// LCDInit
// Initialize LCD port
///////////////////////////
void LCDInit(){

    //  Turn on Spi
    SPI0CR1 = 0x52;
    SPI0CR2 = 0x10; // enable /SS
    SPI0BR = 0x00;  // set up Spi baud clock rate
    LCDBuf = (LCD_WR + LCD_EN); // set WR and EN bits
    LCDSend();  // send status to LCD

    // Initialize LCD
    LCDBuf &= ~(LCD_RS + LCD_EN); // clear RS and EN bits (select lcd Command)
    LCDSend();  // send status to LCD

    // delay's are used because this lcd interface does not provide status
    LCD_delaym(50);

    // set to 4 bit wide mode
    lcd_wr_4d(3);   // send 3
    lcd_wr_4d(3);   // send 3
    lcd_wr_4d(3);   // send 3
    lcd_wr_4d(2);   // send 2

    lcd_cmd(0x2c);  // 2x40 display
    lcd_cmd(0x06);  // display and cursor on
    lcd_cmd(0x0e);  // shift cursor right
    lcd_cmd(0x01);  // clear display and home cursor
    lcd_cmd(0x80);

    LCDBuf = 0; // Reset Lcd states to rest
    LCDSend();  // send status to LCD
}

// LCDDisplayLine sets the specified lineNo in the LCD display
//////////////////////////////////////////////////////////////
void LCDDisplayLine(short lineNo, char *newLine) {

    // set line lineNo to newLine
    /////////////////////////////
    switch(lineNo) {
          case 1:
            CopyLCDLine(line1, newLine);
```

```
            break;
        case 2:
            CopyLCDLine(line2, newLine);
            break;
        case 3:
            CopyLCDLine(line3, newLine);
            break;
        case 4:
            CopyLCDLine(line4, newLine);
            break;
    }

    // LCDputs the lines to the display in the appropriate order
    /////////////////////////////////////////////////////////////
    LCDputs(line1);
    LCDputs(line3);
    LCDputs(line2);
    LCDputs(line4);
}

// CopyLCDLine sets the destination array to the source array's
// string part, i.e. does not copy the '\0'
/////////////////////////////////////////////////////////////////
void CopyLCDLine(char *lcdLine, char *sourceLine) {
    short i;  // index

        // copy source to destination until null is reached
        ///////////////////////////////////////////////////
        for(i=0; sourceLine[i] != '\0'; i++) lcdLine[i] = sourceLine[i];

        // set the remainder of the line to spaces, i.e. ' '
        // note that i already points at the next char in lcdLine
        /////////////////////////////////////////////////////////
        while(i < 20) {
                lcdLine[i] = ' ';
                i++;
        }
}

// LCDPuti displays a number on the specified line
///////////////////////////////////////////////////////////////////
void LCDPuti(short lineNo, char *prefix, short aNumber, char *suffix) {
        char putiStr[21];  // string to pass to LCDDisplayLine
        short i,j;  // i is putiStr index, j is source index
        char numAsString[6];  // a short can be 5 digits + '\0'

        // Copy prefix to putiStr
        //////////////////////////
        for(i=0,j=0; prefix[i] != '\0'; i++,j++) putiStr[i] = prefix[j];

        // Convert aNumber to ascii, then copy it to putiStr
        // Note that numAsString has most significant digit first
        //////////////////////////////////////////////////////////
        if(aNumber < 0) {
```

```
            putiStr[i++] = '-';
            aNumber = -aNumber;
    }

    if(aNumber == 0) putiStr[i++] = '0';
    else {

        // create numAsString
        ////////////////////////
        for(j=0; aNumber != 0; j++) {
            numAsString[j] = aNumber%10 + '0'; // + '0' converts to ASCII
            aNumber = aNumber/10;      // Note that division truncates
        }
        if(j > 0) j -= 1;

        // Copy reverse of numAsString to putiStr
        ///////////////////////////////////////////
        while(j >= 0) putiStr[i++] = numAsString[j--];
    }  // end of else

    // Copy suffix to putiStr starting at i
    ////////////////////////////////////////
    for(j=0; suffix[j] != '\0'; i++,j++) putiStr[i] = suffix[j];

    // terminate putiStr with a '\0'
    ////////////////////////////////
    putiStr[i]='\0';

    LCDDisplayLine(lineNo, putiStr);
}
```

APPENDIX E: DATABASE CODE

```
// File Database.h
// Author: Harlan Talley, Hat Technologies
// Date: 10/7/2011
// Note: DATASET dataSet is declared in this file
//////////////////////////////////////////////////

typedef struct dataItem {
    char name[15];
    short minValue;
    short maxValue;
    short increment;
    short currentValue;
} DATAITEM;

typedef struct dataSet {
    unsigned char noOfDataItems;
    DATAITEM dataItems[10];
} DATASET;

DATASET dataSet;  // creates an actual dataset with space for 10 items

#define RESET_DATASET (dataSet.noOfDataItems = 0)

// Database Prototypes
//////////////////////
void SendDataset(char mode);
short GetDataset();
void SendString(char *aString);  // Sends a null-terminated string on the bus
void GetString(char *aString);
void SendShort(short aShort);   // Sends an short as a serries of chars bus
short GetShort();
void AddDataItem(char *name, short minValue, short maxValue, short increment,
short currentValue);
```

```
// File Database.c
// FastDataBase.c with if(WIRED) removed
// Author: Harlan Talley
// Last Update: 3/12/2012
/////////////////////////////////////////////////////////////////////////////

// includes
//////////////////
#include "Timer.h"
// Defines
```

```
///////////////////
#define STX 2           // ASCII code for start of text
#define EOT 3           // ASCII code for end of text
#define WT 10           // standard wait while sending

// AddDataItem
/////////////////////////////////////////////////////////////////////////////////
void AddDataItem(char *name, short minValue, short maxValue, short increment,
short currentValue) {
    char i;
        // Set the name
        for(i=0; name[i] != '\0'; i++)
        dataSet.dataItems[dataSet.noOfDataItems].name[i] = name[i];

        // Set the remaining variables
        dataSet.dataItems[dataSet.noOfDataItems].name[i] = '\0';
        dataSet.dataItems[dataSet.noOfDataItems].minValue = minValue;
        dataSet.dataItems[dataSet.noOfDataItems].maxValue = maxValue;
        dataSet.dataItems[dataSet.noOfDataItems].increment = increment;
        dataSet.dataItems[dataSet.noOfDataItems].currentValue = currentValue;
        dataSet.noOfDataItems++;  // increment the item count
}

// SendOutDataset
// Mode is 'a' for all or 'c' for current values only
//////////////////////////////////////////////////////////////////
void SendDataset(char mode) {
        char i;  // index

        // Send start of text character to allow synchronization
        cputchar(STX); MSTimerWait(WT); cputchar(CR);
        MSTimerWait(WT);
        cputchar(LF);

        // send Mode
        MSTimerWait(WT); cputchar(mode);
        MSTimerWait(WT);  // wait for receiver to read mode
        cputchar(CR);
        MSTimerWait(WT);
        cputchar(LF);
        MSTimerWait(10);

        SendShort(dataSet.noOfDataItems);
        for(i=0;i<dataSet.noOfDataItems;i++) {
            if(mode == 'a') {
                SendString(dataSet.dataItems[i].name);
                SendShort(dataSet.dataItems[i].minValue);
                SendShort(dataSet.dataItems[i].maxValue);
                SendShort(dataSet.dataItems[i].increment);
            }   // end of if
            SendShort(dataSet.dataItems[i].currentValue);
        }  // end of for

        // semd end of text to allow synchronization
```

```
        cputchar(EOT);
        MSTimerWait(WT);
        cputchar(CR);
        MSTimerWait(WT);
        cputchar(LF);
}

// GetDataset
// Returns 0 if no data ready
// Mode = 'a' for all or 'c' for current values only
/////////////////////////////////////////////////////////////////
short GetDataset() {
    char mode;       // transmission mode
    char syncChar;    // used to detect STX and EOT
    short i;

    // Test for synchronizzation character
    // if it's not STX (start of text), gobble up
    //  everything until EOT (end of text)
    /////////////////////////////////////////////////////
    syncChar = cgetch();
    if(syncChar != STX) {
        while(cgetch() != EOT);  // wait for EOT
        cgetch();  // get CR
        cgetch();  // get LF
        return 0;  // something went wrong
    }

    // If syncChar was OK, get the CR/LF and continue
    /////////////////////////////////////////////////////
    cgetch();  // get CR
    cgetch();   // get LF

    // get mode and rest of data
    //////////////////////////////////
    mode = cgetch();
    cgetch();         // get CR
    cgetch();         // get LF

    dataSet.noOfDataItems = GetShort();
    for(i=0;i<dataSet.noOfDataItems;i++) {
        if(mode == 'a') {
            GetString(dataSet.dataItems[i].name);
            dataSet.dataItems[i].minValue = GetShort();
            dataSet.dataItems[i].maxValue = GetShort();
            dataSet.dataItems[i].increment = GetShort();
        }
        dataSet.dataItems[i].currentValue = GetShort();
    }  // end of for(i=0 ...

    syncChar = cgetch(); // get EOT character, used for synchronization

    if(syncChar != EOT) return 0;  // something went wrong
    cgetch();   // get CR
```

```
    cgetch();    // get LF

    return 1;
}

// SendString Sends a null-terminated string on the home bus
/////////////////////////////////////////////////////////////
void SendString(char *aString) {
        short i;

        for(i=0; aString[i] != '\0'; i++) {
                 cputchar(aString[i]);
                 MSTimerWait(WT);
        }
        cputchar(CR);
        MSTimerWait(WT);
        cputchar(LF);
        MSTimerWait(WT);  // wait for recept
}

void GetString(char *aString) {
        short i;
        char c;  // recent character

 for(i=0,c=cgetch(); c != CR; c=cgetch(),i++) aString[i] = c;

        aString[i] = '\0';
        cgetch();  // get LF
}

// SendShort sends a short as an ASCII string of decimal digits
//////////////////////////////////////////////////////////////////////
void SendShort(short aShort) {
        char digit;  // digit actually is an ascii character
        char isNeg = 0;  // use char as a small number and defaults to 0

        if(aShort == 0) {
            cputchar('0');
            MSTimerWait(WT);
        }
        else {
       if(aShort < 0) {
             isNeg = 1;
                   aShort = -aShort;
              }

              while(aShort !=0) {
                   digit = aShort%10 + '0';
                   cputchar(digit);
                   MSTimerWait(WT);
                   aShort = aShort/10;
               }
        }
```

```
        if(isNeg) {  // minus sent last
            cputchar('-');
            MSTimerWait(WT);
        }
        cputchar(CR);
        MSTimerWait(WT);
        cputchar(LF);
        MSTimerWait(WT);  // wait for transmission & reception
}  // end of SendShort

// GetShort gets a signed short
////////////////////////////////
short GetShort() {
        char digit;
        short aShort;
        short multiplier;

        for(aShort=0, multiplier=1, digit = cgetch(); digit != CR;
             digit = cgetch(), multiplier *= 10) {

             if(digit == '-') aShort =  -aShort;   // minus sent last
             else aShort += (digit - '0') * multiplier;
        }
        cgetch();  // get rid of the LF
        return aShort;
}
```

APPENDIX F: SERIAL PORT CODE

Following are the modified sci.h and sci.c files containing the additional functions required by the database.

```
// File sci.h
///////////////////
#ifndef _SERIO_DEF_H
#define _SERIO_DEF_H

#include "sysinit.h"

// Constant Definitions
/////////////////////////
#define LF 10                           // line feed
#define CR 13                           // carriage return

// values for baud registers, based on clock frequency
/////////////////////////////////////////////////////
#define Baud115200 (Eclock/16)/115200
#define Baud57600  (Eclock/16)/57600
#define Baud38400  (Eclock/16)/38400
#define Baud19200  (Eclock/16)/19200
#define Baud9600   (Eclock/16)/9600

// Function Prototypes
/////////////////////////
char ReadyToSend();
char cputchar(unsigned char scbyte);
void cputch(unsigned char ch);
void cputs(char *sptr);
void InitSerial(unsigned char baudrate);
void cputi(int anInt, short base, char *delimiter);
void cputf(float aFloat,unsigned char digitsRightOfDecimall, char *delimiter);
char cgets(char *sptr, unsigned short maxlgth);
char cgetch();
char sciready();
char readsci();

#endif /* _SERIO_DEF_H */
```

```
//  File: sci.c
//  Author:      Dusty Nidey, Axiom Manufacturing (www.axman.com)
//  Modified     Harlan Talley, HAT Technologies
//  Serial com port I/O routines for Axiom CML12SDP256/512 board
////////////////////////////////////////////////////////////////////////
#include "sci.h"

// InitSerial() Initializes serial port 0 to
// the specified baud rate
/////////////////////////////////////////////////
void InitSerial(unsigned char baudrate){
    SC0CR2 = 0x00;  // disable transmit and receive
    SC0BDL = baudrate;  // set baud rate register
    SC0BDH = 0x00;
    SC0CR1 = 0;     // configure SCI0 control registers
    SC0CR2 = 0x0C;  // enable transmit and receive
}

// WiatForReadyToSend() waits for the serial port Status register
// to indicate the transmiter is ready to receive another byte.
//////////////////////////////////////////////////////////////////
char WaitForReadyToSend(){
        while((SC0SR1 & 0x80) == 0);
        return 1;
}

// cputchar waits for the transmitter to be ready, then
// sends a single byte to the serial port
///////////////////////////////////////////////////////
char cputchar(unsigned char scbyte){
    WaitForReadyToSend();   // wait for ready to send
    SC0DRL = scbyte;
    return 1;
}

// cputch() sends the specified byte to the output port or
// sends CR LF if the character is '\n'
///////////////////////////////////////////////////////
void cputch(unsigned char ch){
        if (ch == '\n'){
                cputchar(CR);
                cputchar(LF);
        }
        else{
                cputchar(ch);
        }
}

// cputs() sends the specified null-terminated string to the serial
// port.  *sptr MUST end in a NULL character, i.e. 0x00.
////////////////////////////////////////////////////////////////////
void cputs(char *sptr){
        while(*sptr){
                cputch(*sptr);
                ++sptr;
```

```
        }
}

// cputi() sends an integer to the serial port as ASCII characters.
// It displays the integer in the base specified by base.
////////////////////////////////////////////////////////////////////////////////
void cputi(int anInt, short base, char *delimiter){

        char intAsString[32];      // string to hold the ASCII of anInt
        short digit;               // the current digit
        char digitAsChar;          // the ASCII equivalent of the current digit
        short i;                   // generic index

        if(anInt == 0) {
                cputch('0');// just output 0 if the int has value 0
        }
        else {
                // If anInt is negative, display a minus sign
                 // and make anInt positive
                ////////////////////////////////////////////////
                if(anInt < 0) {
                        cputs("-");
                        anInt = -anInt;
                }
                // Then create an ASCII character string for anInt
                /////////////////////////////////////////////////
                for(i=0; anInt != 0; i++) {
                        digit = anInt % base;
                        if(digit >= 10) digitAsChar = digit - 10 + 'A';
                        else digitAsChar = digit + '0';
                        intAsString[i] = digitAsChar;
                        anInt = anInt/base;
                }
                // Finally, output the string in reverse order
                // ////////////////////////////////////////////////
                while(i != 0) {
                        cputch(intAsString[i - 1]);
                        i--;
                }
        }                          // end of else anInt != 0
        cputs(delimiter);          // display the delimiter
}

// cputf() sends a floating-point value to the serial port as a series
// of ASCII characters with  the specified number of digits to the
// right of the decimal point.
////////////////////////////////////////////////////////////////////////////////
void cputf(float aFloat, unsigned char digitsRightOfDecimal, char *delimiter){
        char floatAsString[11];    // string to hold the ASCII of aFloat
        int charNo;                // index of in floatAsString
        int anInt;                 // float scaled appropriately as an int

        switch(digitsRightOfDecimal) {
            case 0: anInt = (int)aFloat; break;
            case 1: anInt = (int) (aFloat * 10.0); break;
```

```
            case 2: anInt = (int) (aFloat * 100.0); break;
            default: cputs("Error: digitsRightOfDecimal must be 0 .. 2\n");
                    return;
        }

        if(anInt == 0) cputch('0');// just output 0 if the int has value 0
        else {
                 // If anInt is negative, display a - and make anInt positive
                ////////////////////////////////////////////////////////////////
                if(anInt < 0) {
                        cputs("-");
                        anInt = -anInt;
                }
                // Then create an ASCII character string for anInt
                /////////////////////////////////////////////////
                charNo = 0;
                while((anInt != 0) ||  (charNo <= digitsRightOfDecimal)) {

                // put in the decimal point when appropriate
                ////////////////////////////////////////////////////////////
          if((charNo==digitsRightOfDecimal)&&(digitsRightOfDecimal != 0)) {
                             floatAsString[charNo] = '.';
                             charNo++;
                        }
                        // then continue building floatAsString
                        floatAsString[charNo] = anInt % 10 + '0';
                        anInt = anInt/10;
                        charNo++;
                }

                // Finally, output the string in reverse order
                // /////////////////////////////////////////////////
                while(charNo != 0) {
                        cputch(floatAsString[charNo - 1]);
                        charNo--;
                }
        }                            // end of else anInt != 0
        cputs(delimiter);            // output the specified delimiter
}

// cgets() gets a series of characters from the input until a carriage
// return is received or the maximum specified length is reached.
// It returns 0 if maxlgth not reached, else 1. Note that it replaces
// the newline with a '\0' to make the result a string.
//////////////////////////////////////////////////////////////////////////
char cgets(char *sptr, unsigned short maxlgth){
    char RByte;  // byte received from the port
        for(; ;){
                RByte = cgetch();           // read
                if(RByte == 0x0D){      // 0x0D is acarriage return
                        *sptr = '\0';
                        return 0;
                }
                *sptr = RByte;    // save
                cputch(RByte);    // echo
```

```
                ++sptr;
                 if(--maxlgth == 0) return 0;
        }
        return 1;
}

// cgetch() waits for a single byte to be received from
// the serial port then reads it.
////////////////////////////////////////////////////////////////
char cgetch(){
        while(sciready() == 0) ;         // wait for new incomming data
        return(readsci());
}

// sciready() gets the serial input status from serial port 0
// Note that it does not wait for ready to be true
/////////////////////////////////////////////////////////////////
char sciready(){
    if( (SC0SR1 & 0x20) == 0)     return 0; // no data ready
        return 1;        // data ready
}

// sciread() reads a single byte from port 0
///////////////////////////////////////////////////////
char readsci(){
    char SByte;
    SByte = SC0DRL;    // read the port
        return SByte;
}
```